人生有多少挑战，你就应有多么坚强

海波◎编著

中国纺织出版社

内 容 提 要

生活中，所谓的一帆风顺都只是我们美好的祝愿，我们都不得不面对各种各样的苦难、折磨，因为真正的成长本就是残酷的，只有经历昨天的洗礼，才有今天欣慰的笑容。

本书是一本指导人们直达内心梦想，真正掌控自己人生的温情励志手册，它帮助正在遭遇磨难的人们调整心态，磨炼意志，进而获得心平气和、从容不迫的心态，最终改变命运，领悟幸福的真谛。

图书在版编目（CIP）数据

人生有多少挑战，你就应有多么坚强 / 海波编著.--北京：中国纺织出版社，2017.12（2025.5重印）
ISBN 978-7-5180-4452-8

Ⅰ.①人… Ⅱ.①海… Ⅲ.①人生哲学—通俗读物 Ⅳ.①B821-49

中国版本图书馆CIP数据核字（2017）第313354号

策划编辑：曲小月　　责任编辑：李　杨　　责任印制：周　强

中国纺织出版社出版发行
地址：北京市朝阳区百子湾东里A407号楼　邮政编码：100124
销售电话：010—67004422　传真：010—87155801
http：//www.c-textilep.com
E-mail：faxing@c-textilep.com
中国纺织出版社天猫旗舰店
官方微博http：//weibo.com/2119887771
三河市金兆印刷装订有限公司印刷　各地新华书店经销
2017年12月第1版　2025年5月第5次印刷
开本：710×1000　1/16　印张：14
字数：158千字　定价：69.80元

凡购本书，如有缺页、倒页、脱页，由本社图书营销中心调换

前　言

曾经有首歌是这样唱的："每一次都在徘徊、孤单中坚强，每一次就算受伤也不闪泪光。"我们的生活，并不是每天都晴朗，都充满阳光，有时它也会刮起狂风，下起暴雨，让你失魂落魄。人生充满了危险与陷阱，但人生有多少挑战，你就应有多坚强。

也许，坚强是一场戏剧，能让人们破涕为笑；也许，坚强是一曲催人奋进的乐章，指引着我们在人生的道路上勇敢地越过种种磕磕碰碰，努力向着未来冲刺。

曾有人说："成功的人生是痛苦与失败的交织，是磨难与顺利的交替。"命运赐给我们机遇和幸福，同时也给我们缺憾和困难，如果我们缺乏应有的忍耐力，在痛苦与困难面前低了头，那我们也将失去机遇和幸福。因此，一个人，在遭遇磨难时如果还能用奋斗的英姿与之对抗，他的人生就是精彩的。其实，"痛苦"本不是一件坏事，因为我们没看到它背后镌刻着的是勇敢、坚强。然而，也有一些人，在痛苦面前无法调整心态、重新站起来，而是把自己关起来，自怨自艾，认为自己是全世界最倒霉的人。这样一来，原本一丁点儿的痛苦，被他放得很大很大，从而一直沉浸在痛苦中。那些坚强的人，他们也会有痛苦，或许比你的痛苦更多，但他们的脚步是那么轻盈，遇到困难、逆境，扬一扬眉毛，甩一甩头发，刚才的不愉快，就会随着微风，烟消云散。

坚强是一种品质，更是一种理智和智慧，它告诉我们如何去享受生活，如何去调节自己的心情，找到让自己更快乐的秘籍。面对挫折和磨难，我们不应该过分沉浸在痛苦和悲伤之中，不应该迷茫或迷失方向，更不要指望别人对你伸出援助之手，谁也不是谁的救世主，你若不勇敢，谁替你坚强？灰心丧气，自卑绝望，自弃沉沦，那将会错失良机，终身遗憾。

人都是脆弱的，但决不能懦弱，面对命运的打击和挑战，面对别人的风言风语，你应该做的不是哭泣，而是坚强和勇敢，保持清醒冷静的头脑，坦然面对生活，从容面对现实，改变我们能改变的，接受我们所不能改变的。只有这样，我们才有希望演绎出辉煌的成就和个性的自我，才能成为一个无坚不摧的人！

朋友们，当你感到痛苦时，请坚强一点，相信总有那么一天会看见：蓝蓝的天，白白的云，还有你嘴边甜甜的微笑……抬头望望天，那是雄鹰直冲云霄、划破苍穹的壮美；低头看看地，那是芳草茁壮成长、自强不息的坚强。

编著者

2017 年 6 月

目 录

第 1 章
生活对你的折磨，其实都是对你的考验

人生苦短，须臾间即逝，我们可以拒绝很多事，却无法拒绝成长，成长的过程就是心智不断磨炼成熟的过程。所以成长是残酷的，我们每个人都免不了遭受苦难，所谓的一帆风顺都只是我们美好的祝愿，然而，折磨正是历练我们的一把利器，能唤醒我们的灵魂，能让我们更坚韧，所以，正是因为这些刁难折磨的存在，我们人生才更完满。

用坚强的意志和刚毅的态度对待磨难

曾听一位教授讲过这样一个故事：

有一天，一位少年求佛者自觉已看破红尘、放下一切，便历经千辛万苦找到了一个隐于深山之中的寺院，求见方丈，想要出家。他觉得只有深山之中的寺院才能真正洗去城市的繁华和浮躁。见了方丈之后，方丈问少年：做和尚要独守孤灯，终身不娶，你能做到吗？少年斩钉截铁地说能。方丈又问：做和尚要每日三餐粗茶淡饭，粗衣薄挂夏热冬寒，你能忍受得了吗？ 少年又斩钉截铁地说能。方丈又问：做和尚要无欲无求、无怨无恨，不问恩情，不记仇恨，无论任何时候都要心如明镜不染尘埃,你能做到吗？少年还是斩钉截铁地说能。方丈又问了少年一些关于佛法方面的东西，少年都能一一作答，但最后方丈还是把少年送走了。在把极度失望的少年送下山的时候方丈送给他一句话：未曾拿起莫谈放下，当你真正拿起时，你再回来告诉我你能不能放得下。

对于少年来说，精彩的人生才刚刚开始，他所经历过的，只是人生一个短暂的片段，由此就总结自己对待人生的态度，甚至妄谈生死，看破红尘，不免太过偏激。没有经过生活又怎会理解生活的艰辛，没有经过真正的痛苦又怎会懂得选择快乐的角度。

百糖尝尽方谈甜，百盐尝尽才懂咸。当我们笑谈生死时，我们是否真正懂得看破的意境，当我们妄言快乐时，我们在生活中是否已然背起足够的痛苦。

人生因充满坎坷的历练才变得多姿多彩。也许我们都不欢迎磨难的到来，但当它与你不期而遇时，请不要掉头或转向。磨难是一个魔鬼，一旦它看上你，就会对你穷追猛打，不舍不弃。选择躲避甚至逃跑的人，只会被它欺负得更加悲惨。

凡成大事者，必须经得起磨难的历练，经得起失败的打击，成功需要风风雨雨的洗礼，一个有追求、有抱负的人，总是视挫折为动力，有一句话说的好：“能受天磨真铁汉，不遭人嫉是庸才。”所以说：磨难，对于天才是一块成功的跳板，对强者是一笔宝贵的财富。而对于弱者，就是使之坚强的臂力器。磨难是一所包罗万象的大学。

曾有人说：成功的人生是痛苦与失败的交织，是磨难与顺利的交替。卓越的人生从卓越的目标开始，卓越目标的背后必然是充满荆棘和坎坷的路。经受了荆棘的刺痛和坎坷的摔打，追求成功的意志才会坚强起来，历练是人生不可多得的宝贵财富，拥有了这笔财富，就没有什么困难不能克服，没有什么曲折可以把人击倒。丰富的人生历练是走向成功的基石。

拥有 18 亿元身家的俞敏洪是新东方教育集团的创始人。1980 年，经过两次高考落榜后，俞敏洪考入北京大学外语系。在北大读书，俞敏洪不会吹拉弹唱，不会说普通话，他经常得到的就是老师和同学的“白眼”。英语老师评价俞敏洪说：“只能听懂‘俞敏洪’三个字，鹦鹉都不如。”这些刺耳的话语令他刻骨铭心。之后，他一天十几个小时的狂听狂背，创纪录地熟练掌握了 8 万个英语单词。

1984 年，俞敏洪留校当了教师，却依然被北大边缘化。六七年之后，为了赚取出国学费，俞敏洪就到校外的民办外语培训机构教课，被北大发现后受到了严肃的通报批评。他愤然辞职，开始了新东方创业历程。最初，他租用中关村二小的一个小平房，自己拎着糨糊桶，在零下十几度的冬夜到处张贴招生广告。1995 年，新东方急速膨胀发展起来，拓展了业务领域，完成了向现代公司的转变。到年底时，在校学生数已经达到千人的规模。

据公开资料统计，现在每年有近 1000 万人在接受新东方的英语培训。2005 年 9 月 7 日，新东方成功登录纽约证券交易所，发售了 750 万股美国存托凭证，融资额为 1.125 亿美元。新东方成了第一家在海外上市的中国教育培训公司，俞敏洪成了有史以来中国最富有的教师。

俞敏洪的成功是历练的结果，其坎坷不平的人生道路造就了他不屈不挠的性格，造就了他踏实前行的人生之路。他的经历告诉我们，成功的人生必然要接受艰苦的历练。人生旅途道路曲折，有高也有低，有起也有落，挫折是客观存在的。有人说，人生是由幸福和痛苦组成的一串珍珠。谁也无法回避四季的风雨冰霜。逆境只能使成功者受到历练，除此不会有任何伤害。要有一种战胜挫折的信心和勇气，锻炼人的品质，磨砺人的意志，激发人的智能，增长人的才干，显露人的本色。

曾国藩说：“吾平生长进，全在受挫受辱之时，打掉门牙之时多矣，无一不和血一块吞下。”受不了在苦海中历练，经不起挫折考验的人，永无希望，永无前途。

命运赐给我们机遇和幸福，同时也给我们缺憾和苦难，我们没有必要畏缩自卑，更没有必要怨天尤人，用坚强的意志和刚毅的态度对待磨难，用豁达的心态对待生活，就会多一些希望，多几分幸福。

面对不幸，要有积极向上的态度

我们都知道，当人生的不幸来临时，积极的心态是一个人战胜一切艰难困苦，走向成功的推进器。积极的心态，能够激发我们自身的所有聪明才智；而消极的心态，就像蛛网缠住昆虫的翅膀、脚足一样，束缚了人们才华的光辉。

曾听一位教授在课堂上讲过这样一个故事：

雨后，一只蜘蛛艰难地向墙上已经支离破碎的网爬去，由于墙壁潮湿，它爬到一定的高度就会掉下来，它一次次地向上爬，又一次次地掉下来……第一个人看到了，他叹了一口气，自言自语："我的一生不正如这只蜘蛛吗？忙忙碌碌而无所得。"于是，他日渐消沉。第二个人看到了，他说："这只蜘蛛真愚蠢，为什么不从旁边干燥的地方绕一下爬上去？我以后可不能像它这样愚蠢。"于是，他变得聪明起来。第三个人看到了，他立刻被蜘蛛屡败屡战的精神感动了。于是，他变得坚强起来。

对待同一样事物，每个人的看法不同是很正常的事。就像人也有两面性一样，问题在于我们自己怎样去审视，怎样去选择。面对太阳，你眼前是一片光明；背对太阳，你看到的是自己的阴影。

成功和失败之间的区别在于心态的差异：成功者着意亮化积极的一面，失败者总是沉迷消极的一面。心态是个人的选择，有成功心态者处处都能发觉成功的力量。一个人有了积极的心态，成功就变得容易了。

在一个大雪纷飞的午后，一个小男孩趴在窗台上，看到大街上有好几个乞丐由于饥饿寒冷而可怜地蜷缩着，随时可能倒下去永远起不来，他不禁泪流满面，悲恸不已。他的祖父见状，连忙把他领到另一个窗口，让他欣赏自家的后花园，只见各种树上挂满了花，一片洁白的世界，让人心旷神怡，小男孩的心

情顿时明朗起来。老人托起小孙子的下巴说：“孩子，你开错了窗户。”

拿破仑曾说：“人与人之间只有很小的差异，但是这种很小的差异却可以造成巨大的差异。很小的差异即积极的心态和消极的心态，巨大的差异就是成功和失败。”

积极的心态使人看到希望，保持进取的旺盛斗志。消极的心态使人沮丧、失望，限制和扼杀自己的潜能。积极的心态创造人生，消极的心态消耗人生。积极的心态是成功的起点，消极的心态是失败的源泉。选择了积极的心态，就等于选择了成功的希望；选择消极的心态，就注定要走入失败的沼泽。如果你想成功，想把美梦变成现实，就必须摒弃这种扼杀你的潜能、摧毁你的希望的消极心态。

西部“牛仔大王”李维斯的西部发迹史充满坎坷，充满传奇。他的制胜“法宝”是：每当受到挫折，遭受打击时，绝不抱怨，并且非常兴奋地对自己说：太棒了！这样的事竟然发生在我的身上，又给了我一次成长的机会。凡事情的发生，必有其因果，必有助于我。

在困境中怀有希望，只要抓住这种希望，并把它当作动力，就能够在困境中崛起。历史上许多伟大人物都是在困境中顽强奋斗并做出成就的。他们的一大优点就是，以乐观的心态直面挫折。历史的道路不完全是在田野中前进，它有时穿过尘埃，有时穿过泥泞，有时横渡沼泽。生活和事业不可能一帆风顺，会遇到各种困难和挫折，必须永远怀有事情还会有转机的乐观心态，才能战胜挫折，争取成功。

从前，有两位住在乡下的陶瓷艺人，一位叫鲍勃，另一位叫艾克。他们听说城里人喜欢用陶罐，于是便决定将自己烧制的最好的陶罐卖到城里去。经过十多年的反复试验，他们终于烧制出了他们认为最好的陶罐。每当他们幻想着，整个城市的人马上就能用上他们的陶罐，而他们也能因此过上富裕的生活时，

他们便兴奋不已，于是他们雇了一艘轮船，准备将所有陶罐都运到城里去。

没想到，轮船中途遇到了强烈风暴，等风暴过后，轮船靠岸，陶罐全部成了碎片。他们的富翁梦也随着陶罐一起破碎了。鲍勃提议，先去酒店住上一晚，来一趟城里不容易，不如休息一晚，明天再在城里四处走走，好好见识见识。而艾克则捶胸顿足地痛哭了一番，问鲍勃："你还有心思去城里四处走走，难道你就不心疼我们辛辛苦苦烧出来的那些陶罐？"鲍勃心平气和地说："我们失去了那些陶罐，本来就够不幸的了，现在，如果我们还因此而不快乐，那不是更加不幸？"

艾克觉得鲍勃的话有道理，于是跟着他去城里好好地玩了几天。在这期间，他们意外地发现，城里人用来装饰墙面的马赛克很像他们烧制陶罐的材料。于是，他们索性将那些陶罐的碎片全部砸碎，做成马赛克出售给城里的建筑工地。结果鲍勃和艾克不但没有因为陶罐的破碎而亏本，反而因为出售马赛克大赚了一笔。

处于困境中时，垂头丧气显然于事无补，我们要做的，除了坦然面对之外，能改变的只有自己的心。请记住：换种心态看世界，你也许就能够把不幸变为幸福。

感谢折磨，继续前行

哲人告诉我们：生活中那些看似刁难你、折磨你的人，往往能够造就你更快取得成功；看似折磨、煎熬你的环境，却总能历练出最后的强者。因此，在困境中，要懂得忍耐。

对于年轻人来说，如果你不愿让命运来主宰你的一切，但又没有扼住命运咽喉的本领时，切记，应当学会忍耐，注重积累。

俗话说：忍字头上一把刀，这把刀让你痛，也会让你痛定思痛。这把刀，可以磨平你的锐气，但也可以雕琢出你的勇气。百忍成钢，当你的心性修炼得有如镜子般明澈、流水般圆润时；当你切切实实生活在不以物喜，不以己悲的宁静中时；当你发觉胸中不断流动着“虽千万人而吾往矣”般的勇气时，历经千锤百炼，你的刀也就炼成了。

忍耐并非懦弱，只因你看得更远，有更大的追求。

新东方总裁俞敏洪在他的博客里讲过一个关于捡砖头的故事。俞敏洪的父亲是个木工，常帮别人建房子，每次建完房子，他都会把别人废弃的碎砖瓦捡回来。有时候俞敏洪的父亲在路上走，看见路边有砖头或石块，他也会捡起来放在篮子里带回家。

久而久之，家里的院子就多出了一个乱七八糟的砖头碎瓦堆。直到有一天，俞敏洪的父亲在院子一角的小空地上开始左右测量，开沟挖槽，和泥砌墙，用那堆碎砖瓦左拼右凑，建成了一个让全村人都羡慕的院子和猪舍。

当时俞敏洪只觉得父亲一个人就盖了一间房子，很了不起。长大后，俞敏洪才从一块砖头到一堆砖头，最后变成一间小房子中体悟到做成一件事情的全部奥秘。

“一块砖没有什么用，一堆砖也没有什么用，如果你心中没有一个造房子的梦想，拥有天下所有的砖头也是一堆废物；但如果只有造房子的梦想，而没有砖头，梦想也没法实现。”在家里穷得揭不开锅的时候，要不急不躁，学会忍耐，要积攒足够的砖头来造心中的房子，捡砖头的精神后来就成为俞敏洪做事的指导思想。

或许你仍在向往一帆风顺，可是面对现实的、曲折的人生，所谓的一帆风

顺只能是心灵的一种慰藉。坚信唯有奋斗不息才能够成为命运的主人，而在这一步步的努力中，你必须学会忍耐。

罗曼·罗兰曾说：“只有把抱怨别人和环境的心情，化为上进的力量才是成功的保证。”经受别人的考验、提升自身的张力，你才会在人头攒动的人海中脱颖而出。

内托今年刚从学校毕业，在一场招聘会上，他很幸运地被选进一家石油公司，随即被总公司分配到一个海上油田工作。

工作的第一天，工头便要求他在限定时间内登上几十米高的钻井架，并将一个包装好的漂亮盒子送到顶层的主管手中。他拿着盒子，迅速登上又高又窄的舷梯。当他气喘吁吁地登上顶层后，只见主管在盒子上签了自己的名字，又让他送回去给工头。他一接到命令，连忙又快速地跑下舷梯，并把盒子交给工头。但是，没想到工头草草签完名字之后，又原封不动地交给他，要求他再送回去给顶层的主管。内托看了看工头，却又不知道如何发问，只得乖乖地跑上顶层。然而，主管这回同样只是在盒子上签上名而已，便又要他送回去。

内托就这样来来回回，莫名其妙地上下跑了两次，心里隐约感觉到，这一切似乎是主管与工头故意刁难他。直到工头第三次让他把盒子拿去顶层给主管，全身都被海水溅湿的内托，内心已经充满熊熊怒火，不过他仍然强忍着怒气。当他将盒子送来给主管时，主管这次则说：“把它打开。”内托将盒子拆开后，里头居然是一罐咖啡与一罐奶精，这会儿他更可以确定，这是主管与工头联合起来欺负他。他愤怒地看着主管，但是主管仿佛一点也没感觉似的，接着又对他说：“去冲杯咖啡吧！”这个命令一下，内托再也忍不住了，他用力把盒子摔到海面上，气愤地说：“我不干了！”说完之后，他感觉痛快许多，因为一肚子的怒火全部发泄出来了！但是，主管却失望地摇了摇头，并对他说：“孩子，刚刚这一切，其实是一种训练啊！那叫作承受极限的训练，因为我们每天都在海上作业，随时都可能会遇到危险，因此，工作人员都必须有极强的承受力，才有法子完成海上的作业与任务。”

主管叹了口气又说：“唉！原本你前面三次都通过了，就差那么一点点，你无缘喝到自己冲泡的好咖啡，真是可惜！现在，你可以走了。”

谚语云：“万事皆因忙中错，好人半自苦中来。”要成就一件事情，须观察时机，等待因缘，急不得的。受苦忍耐是一种承担、一种处理、一种等候，也是对因缘法的认识。许多事业有成者都在忍耐多次失败后，越挫越勇，最后取得成功。

年轻人幻想一夕有成，不如在艰难困苦当中忍耐，一旦时机成熟，必然水到渠成。宋人苏轼在《留侯论》中说：“古之所谓豪杰之士者，必有过人之节，人情有所不能忍者。匹夫见辱，拔剑而起，挺身而斗，此不足为勇也。天下有大勇者，卒然临之而不惊，无故加之而不怒，此其有所挟持者甚大，而其志甚远也。”

忍耐不是逆来顺受，不是消极颓废，也不是在沉默中悄然降下信念的帆。忍耐是当一根火柴燃烧到一半的时候，接受另一半炙热的煎熬。学会忍耐，挺起坚强的脊梁，用快乐和潇洒清扫尘灰般的意志，人生不论是低迷抑或是高涨，都将壮美如画。

磨难在强者面前无所遁形

意志坚强的人认为世上无难事，越是遭受悲剧和打击，越是要表现得坚强。一个拥有坚韧精神的人一定不会怀疑自己能否成功，也从来不惧怕失败，因为

他们只有必胜的信心和坚韧的精神，只知道不断向前冲，不断向目标靠近。

谈及《哈里·波特》，想必每个人都能说上两句。但很少有人知道，这本书的作者 J·K. 罗琳是哈佛大学的荣誉博士。罗琳在接受哈佛大学荣誉博士学位的演讲时说，人们有一个共识：人可以从挫折中变得更聪明更强大，这句话意味着人从此对自己的生存能力有了更好的把握。如果没有苦难来考验你，那么你从来都不会真正懂得自己，懂得你处理各种关系的力量有多大。

诸多从哈佛毕业，在人生的道路上开创一番事业的人都深深体会到挫折、苦难对人生的历练。但哈佛人不相信眼泪，也不需要眼泪和抱怨，而是需要付出汗水和坚韧。

成功者正是靠着坚韧不拔的品质，使自己从社会的底层走向成功。生活中，幸运只降临在那些具备坚韧精神，为最终胜利孜孜不倦付出的人身上，而缺乏了这种精神的人，哪怕成功近在咫尺，也只会与成功失之交臂。

一个女儿向做厨师的父亲抱怨她的生活，抱怨事事都那么艰难。她的父亲把她带进厨房。他先烧开三锅水，然后往第一只锅里放些胡萝卜，往第二只锅里放一只鸡蛋，往最后一只锅里放入碾成粉末状的咖啡豆，一句话也没有说。大约 20 分钟后，他把火关了，把胡萝卜捞出来放入一个碗内，把鸡蛋捞出来放入另一个碗内，然后又把咖啡舀到一个杯子里。做完这些后，他才转过身问女儿：“孩子，你看见什么了？”

“胡萝卜、鸡蛋、咖啡。”女儿回答。父亲让她靠近些并让她用手摸摸胡萝卜。她摸了摸，发现它们变软了。父亲又让女儿拿起鸡蛋并打破它。将壳剥掉后，她看到的是只煮熟的鸡蛋。最后，他让她喝了咖啡。当品尝到香浓的咖啡时，女儿笑了。她怯生生地问道：“父亲，这意味着什么？”

父亲解释说，这三样东西面临同样的逆境——煮沸的水，但其反应各不相同。胡萝卜入锅之前是强壮的、结实的，毫不示弱；但进入开水之后，它变软

了，变弱了。鸡蛋原来是易碎的，它薄薄的外壳保护着它呈液体的内脏。但是经开水一煮，它的内脏变硬了。而粉状咖啡豆则很独特，进入沸水之后，它们倒改变了水。“哪个是你呢？”父亲问女儿。“当逆境找上门来时，你该如何反应？你是胡萝卜，是鸡蛋，还是粉状咖啡豆？”

一个人不可能做什么事都一帆风顺，困难和挫折是在所难免的。但是，我们绝不能在挫折面前被吓倒，而是要用理智面对它，冷静地找到战胜它的办法。心理承受能力差的人面对突如其来的挫折或是后退，或是消极抵抗。只有那些敢于挑战困难，能够审时度势，采取积极进取态度面对挫折的人，才会成就一番事业。

有这样一个十分生动的故事：

一直就有一种动物，人们至今都叫它“狗”。有一只狗的名字叫作“挫折”；挫折是一条狼狗，尖利而凶猛。

古时候，有两个商人，他们多年经商成功，一帆风顺，但都不知道挫折是什么样子的。

第一个商人胆子十分小。一天，他在街上看到有人卖“挫折”，就跑去问：“这小东西蛮可爱的，叫什么呀？”卖狗的人说：“它叫‘挫折’，你要吗？”商人迫不及待地回答：“要、要、要！”他付了钱，并要求卖狗的人把“挫折”送到家里去。卖狗的人走了，他上前抚摩挫折，而挫折凶狠地叫了一声：“汪！”吓得他浑身发抖。他以为自己太高，令挫折不满意，便伏下身子爬到挫折面前，刚伸出手要抚摩它，挫折便咬断了他两根手指头，商人跑出房屋，满山坡奔跑，挫折在后面追，商人一慌坠落到河沟。挫折还不依不饶地叫了数声，才离开。商人被救上岸时，差点儿断了气。

另一个商人在路上碰见了“挫折”，他也不知道它是什么动物。便小心翼翼地上前，想抚摩它那光滑的皮毛，可“挫折”凶狠地叫了一声：“汪！”还

要扑上来撕咬他，勇敢的商人拿起马鞭向它狠狠地抽了两下，它便老实了，从此对商人服服帖帖。

一天，这两个商人一同去庙里进香拜佛，他们要告辞时，商人问老和尚："老师父，拴在树边的那个小动物'挫折'，它到底是什么动物啊？"老和尚笑了笑，说："人的一生有很多的挫折，其实，挫折是一条狗！你要怕它，它就凶狠；你要不怕它，它就驯服！"

挫折是一条欺软怕硬的狗。你越畏惧它，它越威吓你；你越不将它放在眼里，它越对你表示恭顺。

坚强的人，即使是面对再多的失败和挫折也阻挡不了他前进的脚步。为此，我们要坚信：如果在连续多次跌倒之后，一个人还能充满斗志，不言放弃，那他就是一个值得敬佩的人，也是一个定会有所作为的人。

第2章
你感到不快乐，是因为你心里只装着悲伤

生活中有很多人，说的大都是不快乐的事。工作清闲的说没前途，事业成功的表示压力很大，没结婚的说没遇到合适的人，结婚的却表示遇到的人不适合自己。快乐像皮球一样被踢来踢去，烦恼却像宝贝一样谁都不肯撒手。生活不快乐，只因你眼中有悲伤。

活在当下，享受人生

如果你希望自己每天能生活得十分快乐，那么就要学会活在当下，那样才会活得自在。你要分清楚过去和现在。你的过去只会对现在产生影响，如果你被困在过去的阴影中，你就不可能快乐地生活在今天。也许，对过去和未来的某些思考虽然是有益的，但是花费太多的时间去反省过去、计划未来其实是在浪费时间。因为只有在此时此地，才能充分享受生活。我们不否认过去，但是也不能沉溺过去，只有关注现在，我们才能活得更像自己，才能发挥我们的聪明才智，生活才能更加真实和精彩。

一个快乐的计划，那就是“只为今天，活在当下”。根据快乐的原则，制订一个快乐的计划，就是只为今天而活。为今天而活，你就应该放下过去的烦恼、舍弃未来的忧思，把自己所有的精力都投入到今天的生活中，因为过去的已经过去了，而未来的还很遥远，所以今天才是应该抓住的机会。如果你是生活在过去或者未来的人，那么你现在要学会快乐地生活，那就是活在当下，只为今天而活。把你对昨天怀念或者对明天幻想的时间都用在今天，如果你今天遭遇了困难，那么就要努力地克服；如果你今天遇到了喜悦的事情，那么就敞开胸怀迎接欢乐时光。

威廉·奥斯勒爵士年轻的时候，曾经是蒙特瑞综合医院的一名医科学生。他在那里学医有一段时间了，他对自己的生活充满了忧虑，不知道怎样才能通

过眼下的期末考试，也不再知道将来会在什么地方，创立什么样的事业，更不知道明天该怎么去生活。他整天为这些事情担忧着，无心完成自己的学业。偶然一次，他无意间在一本书上看见了这样一句话：“对我们大家来说，生活中最重要的事情不是遥望将来，而是动手厘清自己手边实实在在的事。”正是从书上看到的这句话改变了这位年轻的医科学生，使他后来成为最有名的医学家，创建了举世闻名的约翰斯·霍普金斯医学院，并成为牛津大学医学院的钦定客座教授，那可是学医的英国人所能获得的最高荣誉。

后来，威廉·奥斯勒爵士给耶鲁大学的学生作了一次演讲，他说：“像我这样一个曾在四所大学当过教授，撰写过畅销书的人，大家以为我会有‘特殊的头脑’。但是事实并非如此，我的朋友都知道，我的脑袋实在是再普通不过的。”

有人问他：“那你的成功秘诀是什么呢？”威廉·奥斯勒爵士认为：“我之所以能够成功，是因为我活在完全独立的今天。”

奥斯勒爵士的话并不是让我们不要为明天而下工夫做准备，而最好的办法，就是尽自己最大的努力，把今天的工作做到完美无缺，这才是应付未来唯一可靠的方法。奥斯勒爵士把每一天都当作完全独立的，他就不会沉溺在过去，也不会为未来忧虑，所以他能够信心满满地应付今天的事情。生活对于他，每一天都是快乐的，每一天都是自由自在的，所以最后他能够在医学上取得令人瞩目的成就。

美国前总统林肯曾经说过：“大部分的人只要下定决心都能很快乐”。每个人的快乐不是来自外在的，而是来自内心的。如果每一天都保持快乐的心态，活在当下，你就会获得自由自在的快乐。人为什么会忧虑？那都是因为沉溺在痛苦的过去，忧虑不可知的未来。如果一个人能够在心里抛下昨天和明天，只是活在今天，那么你心里的压力和负担就不会那么沉重。你就可以以自己轻松的心情来面对今天的困难或愉悦，那么你就觉得你的每一天都是快乐的。

告别烦恼，何必庸人自扰

有的人有点杞人忧天，遇到一点点小事就开始胡思乱想，自己好像成为“鸟笼”的俘虏，最终，那些想象的事情把自己都吓坏了。这就是人们常说的庸人自扰，本来生活中并没有那么多的烦恼，但就是因为心中的忧虑，凭空多出了许多的烦恼，使自己终日沉浸在焦虑之中，每天过得心惊胆战。其实，有时候，我们需要看开一些，把任何人任何事情都不要想得那么糟糕，留一份快乐在心中，这样就会赢得整个人生。

那些快乐的人，他们口袋里装满了祝福；而那些疲惫的人，他们口袋里装满了指责。一路上，快乐的人会把那些不必在意的负担丢掉，而疲惫的人却选择了丢掉祝福，所以，快乐的人的行囊越来越轻松，而疲惫的人会感觉越来越累。生活中的我们都要甘愿做快乐的人，千万别庸人自扰。

画家张大千先生长着很长的胡须，平时说话的时候，常用手捋着自己的胡须，样子十分和蔼可亲。有一次，一位朋友问他晚上睡觉胡须怎么放，结果那天晚上，他为了合适地安放自己的胡须彻夜未眠，不知道该把自己的胡须放在哪里才好。那些平常都不会担心的事情，怎么一在意就出问题了？在生活中，不只是张大千会有这样的烦恼，每一个人都会这样想。人的天性都比较敏感，因为有思想，所以也能思考，但想得太多，同时也把那些简单的事情复杂化了，从而给自己带来一些不必要的心理压力。当你太过在意某一件事情，反而会因为弄巧成拙做不好了。

反之，你若用平常心来对待这些事情，就会发现它们不过是微不足道的小事。在桌面上有一张白纸，上面有一个小黑点，如果就这样看，黑点根本没有影响到白纸的干净，但假设你戴上了放大镜，那白纸就显得很脏了。值得讽刺的是，在实际生活中，绝大多数人都会戴着放大镜。所以，凡事看开一点，不要庸人自扰。

《新唐书·陆象先传》：“天下本无事，庸人扰之而烦耳。”

唐朝时，陆象先是一个很有气量的人。当时，正值太平公主专权，宰相萧至忠、岑义等大臣在太平公主的笼络下都纷纷投靠她。而陆象先却选择洁身自好，从来不去巴结讨好太平公主。先天二年（713），太平公主事发被杀，萧至忠等被诛。受这件事牵连的人很多，陆象先暗中化解，救了许多人，但那些人事后都不知道。

先天三年，陆象先出任剑南道按察使，一个司马劝说陆象先：“希望明公采取些杖罚来树立威名。要不然，恐怕没人会听我们的。”陆象先说：“当政的人讲理就可以了，何必要讲严刑呢？这不是宽厚人的所为。”先天六年，陆象先出任蒲州刺史。当时，如果吏民有罪，大多开导教育一番就放了。录事对陆象先说：“明公您不鞭打他们，哪里有威风！”陆象先说：“人情都差不多的，难道他们不明白我的话？如果要用刑，我看应该先从你开始。”录事惭愧地退了下去。陆象先常常说：“天下本来无事，都是人自己给自己找麻烦，才将事情越弄越糟。如果在开始就能认清这一点，事情就简单多了。”

这是一个“庸人自扰”的典故，庸人自扰之，那些自己让自己担忧的人只能被称为庸人。他们既不是强者，也不是智者。也许有人会问，难道那些所谓的强者或智者就没有烦恼吗？当然不是，强者或智者一样也有烦恼，有时候也会做庸人自扰的事情，但是，他们与庸人的区别在于：强者或智者会尽量化解那些烦恼，不让它们困扰自己；而庸人则只会沉浸在自扰的旋涡中，不断地沉沦下去。不要做一个庸人，让自己成为生活的强者，成为人生中的智者。

每个人生活在这个世界，每天都会碰到一些烦恼的事情，这是很正常的，关键是看你如何去对待，假如你以平常心对待，那小事就是小事，一点事情都没有；如果你放大了小事，那就变成大事了。所以，无论你遭遇了什么，都要积极主动去面对，应该怀着信心，努力就好，不要为没有发生的事情担忧。

对昨天说再见，迎接崭新的明天

当你早上睁开眼睛，就看见外面明媚的阳光是那么的灿烂美丽，再呼吸一下新鲜空气，整个人都是清爽的，整个人都充满了精神。也许并不是每一天你都能感受到大自然的美好，但是日落之后，黎明到来，那就是新的一天开始了。有人说，“当我看到太阳从地平线上升起来时，就知道这又是崭新的一天了”。聪明人，要把每一天都当成一个新的开始。昨天无论多么的困难，毕竟都已经过去了，从每一天开始，你开始新的生活。每天都是一个新的开始，当你这么想的时候，你已经精神百倍地去开始今天的生活了。

把每天当作新生，“生活中的每一个人，在任何一个瞬间，都可能站在两个永恒的交汇点上，但是这一点已经永远地成为过去并延伸到无穷的未来”。所以我们不可能生活在两个永恒的中间，连一秒的持续时间也没有。如果你老是停留在过去的阴影里，就会摧垮我们的身体和精神。所以，我们能够做的就是把每一天都当作新生，并为活在这一刻而自豪。罗勃·史蒂文生写道：“从现在一直到我们上床，不论任务有多重，我们每个人都能支持到夜晚的降临，无论工作多么艰苦，每个人都能做自己当天的工作，都能很开心、很纯洁、很

有爱心地活到日落西山，这就是生命的真谛。”生命的真谛就在于把每一天都当作新的一天来度过，这样你才会把自己所有的时间和热情都放在今天，让你的生命焕发出无限的魅力。

薛尔德太太住在密歇根州沙支那城，她以前是靠推销《世界百科全书》之类的书籍生活，后来因为有了自己的家庭便辞去了工作，那时候日子虽然不富足但是也过得很安乐。但是很快，她安逸的生活就陷入了困境。在1937年，她的丈夫死了，她自己几乎身无分文，这令她非常恐慌。那段时间，她的精神极度颓废、崩溃，甚至差点自杀。后来，她给以前的老板奥罗区先生写信，请求他能让她做回以前的工作。于是，她四处借钱分期付款购买了一辆旧车，她又开始重新以推销那些书籍为生。

薛尔德太太希望能够通过繁忙的工作来抵消自己的颓废和不安，可是她很快发现不行。毕竟她的丈夫已经不在了，只有她一个人驾车，一个人做饭吃，一个人生活，这所有的一切都令她无法承受。而她的工作也带给自己一些困扰，有些地方根本就卖不出去书，所以业绩不太好，虽然她买车的钱不是很多，但是对于她来说还是很难凑齐。她整天觉得心情很沮丧，对生活也没有什么希望，她甚至绝望得差点自杀。

有一天，她读到了一篇文章，正是那篇文章中的一句话让她活了下来：“对一个聪明人来说，每天都是一个新人生。”这句话令她精神振奋，于是，她把这句话打印出来，贴在汽车前面的挡风玻璃上，为的就是自己开车的时候能随时看见它。薛尔德太太发现每次只活一天一点都不难。就这样，她摆脱了孤寂和恐慌，她变得很快乐，工作业绩也上去了。

薛尔德太太正是把每一天都看作新生的，所以她能够在每一天里忘记过去，不想将来，只是关注着正在活着的这一天。所以她能够很快摆脱自己过去的恐慌心情，而变得十分快乐，这样自己工作起来也很有精神。不管昨天有多么糟糕，但是毕竟已经度过了昨天，新的一天就应该忘记充满痛苦的昨天，带着新的心情开始新的一天。你会发现，每次只活一天是多么容易的事情。

人最可悲的就是，无视窗口的玫瑰在悄悄绽放，而去梦想着天边奇幻的玫瑰园。如果你总是怀着悲伤的、孤寂的心情去度过一天，那么你就会什么事情都做不好，内心的恐慌反而会变本加厉地折磨你，你会日渐消沉，陷入人生的黑暗。无论你在生活中遇到了什么，都不要害怕，因为你每次只需要活一天。

烦由心生，乐由心生

佛说："烦由心生。"为什么呢？生活中，每个人不过是一个凡夫俗子，怎么会有那么多烦心的事情呢？有什么值得烦恼的呢？一个人在烦恼时都有这样或那样的理由：受到了不公正的待遇会烦恼，受到他人的辱骂会烦恼，受到朋友的欺骗会烦恼，等等。虽然，只要一个人还活着，他就免不了遭受这样或那样的烦恼，但是，很多时候，一切只在于心，本来凡事不可能尽人如意，何必烦恼呢？又何故要抛弃开心呢？而且，烦恼并不是一件皆大欢喜的事情，既伤自己的身心，还会给身边的朋友带来忧虑。所以，学会为生活多增加一些阳光雨露，开开心心，不要烦恼，烦恼的天空是看不见美丽的彩虹的。

德国哲学家康德曾说："发怒，是用别人的错误来惩罚自己。"或许，别人的错误是应该受到惩罚，但并非一定要通过自己的生气来实现，而且，生气并不能达到惩罚他人的目的。既然错误在于别人，自己为什么要生气呢？难道自己发了很大的脾气，对方就能受到惩罚吗？结果恰恰相反，气得大哭，红肿的是自己的眼睛；气得一个人喝闷酒，伤害的是自己的身体；气得丧失理性，

疯狂购物，挥霍的是自己的钱财。其实，这都是对自己的惩罚。而且，生气非但解决不了问题，反而会把问题弄的更加复杂。所以，面对他人有意或无意造成的错误，请学会开心，这样，生活的天空就会时常出现美丽的彩虹。

从前，有一个妇女，她心胸狭窄，总是为一些小事生气，每一次生气，她都没有办法控制自己。长此以往，她的脾气变得越来越坏，为了改掉自己的坏毛病，妇女向一位大师求助。见到大师，妇女就把自己的苦恼一股脑儿全倒出来，大师听了，一句话不说，就把妇女带到了一个封闭的柴房里，然后，把大门锁了。妇女气得破口大骂，她一个人在漆黑的屋子里骂了很久，但是，没有一个人来理会他。妇女骂累了，她想到自己无论骂多久都是没用的，她又开始哀求大师开门，但是，大师还是无动于衷。

后来，妇女沉默了，大师才来到门外，问道："你还生气吗？"妇女回答说："我生气的是我自己，我真是瞎了眼，怎么会到你这种地方来受罪。"大师眼睛看着远处，说道："连自己都不原谅的人怎么能心如止水？"说完，拂袖而去。过了一会儿，大师又来了，问道："还生气吗？"妇女回答说："不生气了。"大师追问："为什么？"妇女无奈地回答："气也没有办法呀。"大师点点头，说道："但是，你的气并没有真正消逝，那气团还压在心里，爆发后将会更加剧烈。"说完，大师又离开了。

当大师再次来到门前时，妇女主动告诉大师："我不生气了，因为这根本不值得。"大师笑着说："还知道值得不值得，可见你心中还有衡量，还是有气根。"妇女不解，问道："大师，什么是气根？"这时，大师打开了房门，将手中的茶水洒在地上，妇女想了很久，恍然大悟，向大师叩谢而去。

在大多数的时候，生气并不能真正地解决问题，即使心中有气，问题也未必能够得到很好的解决。而且，生气是一件不值得的事情，既然生气了还是不能解决问题，那何不怀着一份好心情来面对呢？在积极乐观的心态下，或许会对解决问题有良好的助推作用，同时，我们摆脱了“气团”的打扰，重新获得了一份愉快的心情，这何尝不是一件美事呢?

哲人说：“生命的完整，在于宽恕、容忍、等待和爱，如果没有这一切，即使你拥有了一切，也是虚无。”生活中本没有那么多的烦恼，而是心境选择不对，烦恼才会源源不断，从而使我们的生活开始不得安宁。

如果你能仔细回想每一件事情，你会发现，原来上天也很眷顾自己，亲人一直陪伴左右，朋友也从未主动离弃。为什么一定要烦恼呢？烦恼是一种奇怪的东西，若是吞下去会觉得反胃；若你根本不在意它，那么，它会主动消失。

选择快乐，就会获得快乐

人生就像一朵鲜花，有时开，有时败，有时候面带微笑，有时候却低头不语。其实，人生就是这样，无论我们处于什么样的境地，只要学会看情绪晴雨表，学会调节出好心情，你就会发现，人生远没有想象中那样糟糕，而我们所遭遇的那些根本不算什么。人生，注定就是一条充满曲折、困难的路。或许，烦恼无所不在，但是，面对这样一些事情，如果能够尝试着打开心灵的另一扇窗户，以一种积极、乐观的心态去面对，你会发现，所谓的烦恼根本不存在。人生依然无限美好，问题的出现并没有改变我们的好心情。

有人这样抱怨：“这几天老是下雨，还要不要人活啊，今天出门的计划又泡汤了。”而在街头的另一处风景中，一位少女正撑着雨伞散步，小脚丫在雨水中快乐地奔跑。我们发现，“下雨”这个事实并没有改变，少女所改变的不过是自己的心情，像天气预报一样，情绪也有晴雨表，要想让自己拥有一个好

心情，我们就要善于选择“晴朗的天气”，而不是沮丧的“雨天”。

有个老太太有两个儿子，一个卖伞，一个刷墙。于是，老太太天天提心吊胆，闷闷不乐，因为晴天的时候，她担心儿子的伞卖不出去，下雨的时候，她又开始发愁另外一个儿子没法刷墙。

后来，一位智者告诉她：“试着换个心情。你想想，下雨的时候伞卖得最多，那卖伞的儿子生意不正好吗，心情就好了；天晴的时候刷墙正好，刷墙的儿子生意也兴旺，心情自然也就好了。这样一来，无论是晴天，还是雨天，对于你来说，心情都没有改变。所以，什么时候都不会错的，你所应该选择的是一份快乐的心情。”老太太听了，笑逐颜开，再也不用整天担心了。

杯子里有半杯酒，一个酒鬼来了，看见就摇了摇头，十分沮丧地说：“唉，只有半杯酒。”一会儿，又来了一个酒鬼，看到这半杯酒兴奋地说：“太好了，还有半杯酒。”杯子里依然是半杯酒，但是，因为心境不同，心情自然大有不同。

每个人的心中都有一个情绪晴雨表，只是，我们常常习惯于看见阴郁的雨天，而忘记了晴朗的那方天空，于是，我们的情绪也变得阴郁起来，不由自主地以悲观、消极的心态来面对生活。如此一来，那些本来看起来十分细小的事情，也会让我们火气大发，甚至，阴郁的心情会蔓延开来，逐渐影响我们身边的人。

从前，有一位禅师，他十分喜爱兰花。在平日讲经之余，禅师花费了许多时间来栽种兰花，弟子们都知道禅师把兰花当成自己生命的一部分。

有一次，禅师要外出云游一段时间，在临行前，禅师特意交代弟子：“要好好照顾寺庙里的兰花。”在禅师云游的这一段时间里，弟子们都很细心地照料着兰花，但是，有一天，一位弟子在浇水时不小心将兰花架碰倒了，所有的兰花盆都跌碎了，兰花也撒了满地。这位弟子感到十分恐慌，并决定等禅师回来后，向禅师赔罪。

过了一段时间，禅师云游归来，听说了这件事，便立即召集了所有的弟子，但他非但没有责怪那位弟子，反而安慰道：“我种兰花，一是希望用来供佛，二是为了美化寺庙环境，不是为了生气而种兰花的。”

禅师喜欢兰花，是一种情感的自然释放，并不是为了生气而种兰花的。因此，即使弟子不小心弄坏了兰花，禅师也选择了快乐的心情，所以他不仅没有生气，反而还安慰弟子们。面对兰花这件事情，禅师选择了坦然的心情，自己虽然喜欢兰花，但心中却没有烦恼这个障碍，所以，失去了兰花并不会影响自己的情绪，禅师依然有一份难得的好心情。而且，深知情绪晴雨表的禅师明白，自己即使生气又有什么用呢？反而会乱了自己的心情，坏了情绪，不如选择一份快乐的心情，以坦然的心境面对一切，这样，我们才能收获人生的幸福与快乐。

第3章 勇于改变，将恐惧挡在心门之外

“要战胜别人，首先须战胜自己。”这是智者的座右铭。有时候，我们的敌人不是挫折，不是失败，而是我们自己内心放大的恐惧。恐惧是获得胜利的最大障碍。你若失去了勇敢，你就失去了一切。而现实中的恐怖，远比不上想象中的恐怖那么可怕。很多时候，成功就像攀爬铁索，失败的原因不是智商的低下，也不是力量的单薄，而是威慑自己的无形障碍。如果我们敢于做自己害怕的事，恐惧就必然会消失。

别折磨自己，恐惧来自你的想象

世界上自杀的人中最多的是诗人、画家、哲学家，这并不是因为他们面对了更多的折磨，而是他们感知折磨的心最敏感。内心不敏感，就不足以捕捉生活中的异相从而成就作品；内心过于敏感，就更容易感知痛苦与折磨，更容易厌世。

折磨分为两个方面，一方面是你肉体、心灵实际受到的折磨，另一方面是你的内心对这种折磨的感知程度。我们内心的屈辱、恐惧、绝望就是一个放大镜，它会让你受到的实际折磨无限扩大，直到觉得无法承受。一个人最大的敌人就是自己，最大的折磨就是内心的感知。这并不是要我们麻木无知，而是要我们锻炼心理的承受能力。既然折磨是我们人生中不可缺少的一部分，那就让自己享受折磨，在折磨中变得更加坚强，更加沉着和成熟，收获更加坚韧丰富的人生。

因此，我们面对折磨要有宽广的心胸。俗话说“心底无私天地宽”。我们也要有更加宽广的心胸，才能够更加客观地看待生命中的折磨。知晓它是每个人的生命中必定经历的，不可缺少的，我们就能够更加坦然地去面对它。

心胸宽广的人不会执着于眼前的折磨困境，他们的眼界更远大，他们心里装的不仅仅是个人的利弊得失，而是着眼于所有人生命中的磨难。那么，相对于所有人的磨难来说，自己受到的折磨只不过是过眼云烟罢了。很多革命先烈以解除天下百姓的痛苦为己任，即使把牢底坐穿也丝毫不能动摇他们的决心。

革命先烈瞿秋白被捕以后，虽然在牢狱之中，但依然为看管他的狱卒的母亲治好了困扰已久的病。这样宽广的心胸，怎么可能为个人的一点得失，受到一点折磨，就灰心丧气，以为人生无望呢？

虽然平凡的我们没有救国救民的大志，但也不要以自己为中心，受到一点磨难委屈，就以为世界末日降临，生活黯淡无光，人生再无意义。让心胸宽广一点，再宽广一点，就会更加从容淡定，少受外界的影响。

此外，还要有坚强的意志，孟子说“天将降大任于斯人也，必先苦其心志，劳其筋骨，饿其体肤，空乏其身……”老天折磨我们正是要降我们以大任。如果我们在折磨中能够保持乐观的心境，磨炼更加坚强的意志，那等到机会到来的那一天，我们才能从容淡定，沉着应对。如果我们一直待在安乐窝里，那么，面对机会，我们就会感到茫然无所适从；面对困难，我们就会退却，失去成大事的基本素质。所以，面对折磨，我们要锻炼更坚强的意志。

现在的很多年轻人，心理承受能力差，意志薄弱，有一点挫折就心灰意冷甚至自寻短见，这是不可取的。毕业于哈工大的25岁青年孙丹勇，曾在深圳某科技集团担任保管一职，2009年7月底，孙丹勇保管邮寄的16部工程样机少了一部，因此受到公司的调查。他在调查中受到非法搜查、拘禁，因为难以承受巨大的精神压力和屈辱而跳楼自杀。固然，孙丹勇的自杀是因为公司某些人的非法羞辱、折磨，但同时也说明了他心理的脆弱。如果他能够顶住压力，遇到不合法的事向警方报告，相信迟早有真相大白的一天。那时，不但能够还自己清白，事业也会更上一层楼。即使此事不了了之，最坏的结果就是离开公司，另寻工作，也能重新开创一片新天地。因此，我们平时就要有意识地磨炼自己的意志，增强自己的心理素质。只有这样，在面对挫折时，才会更加坚强，才能顶住生活、事业中的磨难。当大任降临时，我们才能从容面对，成就大业。

另外，无论何时都要心存希望。顾城在他的诗中写道：“黑夜给了我黑色的眼睛，我却用它来寻找光明。”我们要知道，无论遇到怎样糟糕的情况，对于未来都要有更加美好的希望。希望给我们勇气，给我们力量，对于光明的期望，对于未来的信任能够让我们在面对折磨时更加勇敢。

黑人总统曼德拉曾经有过18年的监狱经历，那时，他是监狱里的重点政治犯。每天都要在罗本岛监狱的采石场做苦工，在持枪看守的监督下拼命搬运石头，动作稍慢就有被毒打的危险，一旦踏出采石场的边界，就会被无情射杀。而且因为石灰石在阳光的照射下，有极强的反光性，以至于他的视力逐渐下降。然而，就是在这样非人的折磨下，他却向监狱长提出了在监狱的院子里开辟一片菜园子的要求，经历了无数次的否决，在5年之后，他终于实现了愿望。正是那一片菜园以及菜园中的番茄给了他和监狱中的犯人们无数的希望，使得监狱中囚犯和狱警们的关系逐渐和谐起来。

如果有一颗乐观、充满希望的心灵，即使身处磨难重重的人间地狱，也能够开垦出人生的伊甸园。有了对未来的希望，就能让我们对苦难甘之如饴。

总之，人生最大的磨难，不是生活给了你多少折磨，而是你的内心怎样对待它。只要我们拥有宽广的心胸，坚强的意志，乐观的精神，就能够笑着面对任何苦难和折磨，就能把折磨我们的地狱变成天堂。不要再让狭隘的心灵折磨我们，不要再让软弱的意志向苦难投降，只要我们拥有广阔、坚强的内心，就能够战胜世俗的折磨，走向人生的辉煌。

积极乐观者才有改造现实的勇气

美国教育学家戴尔·卡耐基调查了许多名人之后认为，一个人事业的成功，

只有 15% 是由于他们的学识和专业技术，而 85% 靠的是心理素质和善于处理人际关系。而据心理学家分析，幸运儿的一些特征如下：第一是外向，他们更容易与人相处，乐于花时间参加聚会，喜欢跟人打交道；第二是不敏感，不愉快的事不是不发生在他们身上，但是他们比较健忘。所以，如果我们要出人头地，就要保持积极乐观的想法。

积极乐观能够为我们带来朋友，拓展人脉；还能够增强我们的心理素质，让我们更容易接近成功。相反，消极的想法让我们对待工作敷衍应付，对待朋友同事自私冷漠，时时刻刻以自己为中心衡量世事，因此得出人情冷暖、世态炎凉的结论。

消极的人认为世界是黑暗的，他们会对于世界的黑暗面做无限的扩大，总是以负面的态度看待社会。比如，汶川大地震时，很多明星向遭遇地震的灾区捐款捐物，有的演员明星为受灾群众举行义演募捐，有的甚至亲赴灾区去看望他们。积极善良的人会受到感动，认为他们的义举值得赞美、值得崇敬。而消极自私的人会认为他们只不过是惺惺作态，借机扩大自己的影响和名气，他们的捐献不足他们收入的 1%，用 1% 的收入换取免费的广告，他们当然是乐意的。这样的人在看待世界时，处处从消极黑暗的一面出发，他们认为上司在有意排挤自己，同事间的关心不过是虚情假意，自己会做事不会做人，因此处处不顺心。不是因为他的境遇比别人更差，而是他的心境比别人更糟糕。心理学中给“变态”一词的定义是：真实地执着地寻求伤害自己和他人的元素。消极是极轻微的变态，如果我们不加控制，就会永远从负面看待世界，我们的情绪就会是负面的，会伤害自己和别人。消极想法的害处比杀人、骗人更甚。如果我们从消极的一面去看待世界，看待我们的生存工作环境，看待人们之间的关系，我们就会变得自私、冷漠、无情。而这样的人，即使有再高的智商也不容易获得人们的认同、尊敬，更不容易成功。

消极的看法会贬低自我和他人，觉得凡是属于自己的都不好。上了大学嫌大学不够知名；进了单位觉得单位差；结了婚，觉得对象不够完美；有了小孩看着不顺眼；连对自己的相貌都没有自信，因此处处不顺心，事事不如意，何况是遇到折磨呢？即使没有遇到任何磨难，都觉得所有人、所有事都跟自己过不去，日日生活在内心的煎熬下，时时处在自我折磨之中，内耗严重，怎么还能拿得出精力干工作，怎么能成就大业呢？

基于这种消极的想法，我们对待工作就会冷漠、敷衍、应付。因为工作“既无聊，又难以应付，还时时出现各种状况，并且我们的薪酬又不足以安慰我们付出的代价”，所以我们工作就会得过且过，出现“当一天和尚，撞一天钟”的应付状况。这样应付，怎么能够把工作做好呢？更不用说自己从工作中得到满足，从处理难题中得到自信了，一个人对自己的工作尚且不热爱，更不用提业余爱好、情趣、志向了。

若我们对于人事多疑、猜忌、冷漠、自私，我们的人脉怎么能够拓展，人际关系怎么会和谐？自己尚且不能信任和尊重他人，别人怎会信任我们，尊重我们，又怎会看重我们。我们做事必然处处充满障碍。

如果连为人处世都不能顺利，更谈不上出人头地。每个人都有一些消极的想法，都有消极的时候。如果我们要让自己做得好，就要比别人想得好，情感比别人乐观，才能够让自己的社会关系更融洽，工作能力比别人更强，工作比别人更顺利。

每个人都有遇到困难折磨的时候，在顺境中，我们的能力往往是不分伯仲的，关键是在逆境中，我们的心理素质会让彼此拉开很大的距离。心理学家认为，一个人心理素质的好坏最容易从他应对挫折的方式中看出来。如果在挫折面前，别人很快积极站起来，解决了问题，继续前行，而你还沉浸在挫折带来的痛苦中不能自拔，那当你收拾好心情上路时，就会发现别人已经走出了很远，

这段距离是不容易追上的。如果你还不能尽快调整自己的消极想法，你就会永远落在别人的后面。当人生的九九八十一难过去，别人已在遥远的山巅，而你还在山谷徘徊。消极的你，也许会想“人死平等，我们终究会平等的”。但他人留在后世的就是一个光辉的形象，学习的榜样，你不过留给后世一个模糊的影子，甚至没有任何痕迹，你觉得这是平等的吗，是你所追求的吗？

如果你追求的是出人头地，那么你除了要付出比别人更多的努力，找到比别人更正确的做事方法，还要调整自己的消极想法，让自己更热情，更积极乐观，才能更快地靠近成功，适当控制自己的负面情绪，才能出人头地，成就大业。

面对现实，“逃避”毫无用处

如果我们惧怕人生中的磨难，不敢面对现实，那我们的人生中就只剩下“逃避”了。鲁迅先生曾说：“真正的勇士，敢于直面惨淡的人生。”我们也要学会面对现实，生活中不乏磨难和陷阱，这个世界也不是十全十美的，也有它黑暗的一面，我们要敢于承认这样的现实，更要对这个世界充满希望。这样，我们才能更客观、更冷静地对待折磨。我们才能有尊严，不哭泣，才能在跌倒中迅速爬起，寻找世界上的光明，寻找我们人生的意义。

面对折磨，逃避没有任何意义，也没有任何结果。磨难是一个软弱的行刑者，如果你哭泣着躲避，它反而更加折磨你，它喜欢看犯人们的哭泣、求饶、哀号、投降。你咬紧牙关，无畏地迎上去，它反而会被你的无畏镇住。也许它会选择放过你，也许你会继续受到鞭打，不过这种鞭打迟早会结束，你会在这种鞭打中赢得尊严，赢得敬佩，赢得钢筋铁骨。

生活常常强加给我们不如意的事，与其哭着躲避，不如笑着面对。“生活中，不如意事常有八九”，那如意事就只剩下一二，我们要常想一二，才能够苦中作乐；我们要笑面八九，才可能把生活这杯酒吞下去。生活就是一杯酒，苦、辣是它的主味，只有在慢慢回味中才有一丝丝甜头，但只要你一饮而下，腹中就会升起一股暖意，帮你抵挡外界的风寒。

古时候，有很多避世的文人，他们不满强权，隐于山林，避得有智慧，有风度，值得崇拜，却很难效仿。“阮籍猖狂，哭穷途于末路。”是说阮籍常常驾车远行，一直走下去，直到没有路可走了，就会坐在路的尽头，大哭一场，以表示对世情的愤慨。他的好友嵇康，因为不满司马氏专权，退隐山林，以打铁为生，司隶校尉钟会想结交嵇康，衣轻乘肥，率众而往。嵇康与向秀在树阴下锻铁，对钟会不予理睬。等候很久也没有回音后，钟会准备离开。嵇康开口问：“何所闻而来，何所见而去？”钟会回答：“闻所闻而来，见所见而去。”嵇康对权贵的不屑，为他赢得了很大的声名。还有鼎鼎大名的五柳先生陶渊明，不肯为五斗米折腰，于是辞官归故里，写出了《桃花源记》这样的出世名作，为历代文人所向往。他们的避世，是一种对现实官场的不满，因此积极逃避，这样的逃避，是对官场的厌倦，却不是对世情的逃避。他们热爱生活，热爱普通的民众，只是不满统治者的黑暗。因此，嵇康有“广陵散”传世，陶渊明有“采菊东篱下，悠然见南山”的名句。这样的热爱生活，不喜强权，不屑强权也不畏强权就是生存的大智慧，与那些消极逃避是有天壤之别的。

对于平凡的我们来说，不喜欢职场，回家种地去；不喜欢商场，打工为生去；不喜欢官场，隐居山林去就是一个笑话。我们没有那样的环境，更没有那样的资本，时时想着隐退，就是一种幼稚的想法。每个人都有不喜欢的人、不喜欢的事、不喜欢承受的世情，但我们只有积极地面对他们，才能成就大写的人生。

人人都会因世情受心灵的煎熬，都会在不同的时期遭到不同的打击折磨。不同的是勇敢的人用笑容去面对，事情不一定解决但也不会更坏；软弱的人用哭泣来面对，但哭泣不能解决任何问题，事情也不会更坏；懦弱的人，用厌世来逃避，不但事情不能解决，还会得到更糟的结果。

面对折磨，我们可以笑，那我们是生活中的勇士；我们也可以哭，挣扎，那我们就是生活中的弱者。但我们不能选择逃避，因为那样就是生活的懦夫。面对生活中的磨难，我们都会郁闷，都会痛苦，能够笑着面对的勇士毕竟不多。我们都是平凡人，我们有哭的权利。但我们没有逃避的必要，面对痛苦，我们都有逃避的本能，也都有承受的能力。生命中，没有不可承受的折磨。俗话说："没有受不了的罪，却有享不了的福。"我们不要轻易向痛苦投降，因为我们的生命可以承受的比我们能够想象的还要多。我们也不要恐惧，因为恐惧不会给我们带来任何益处。面对生活中的痛苦折磨，我们要尽量无惧无畏，坦然面对，这样我们的心灵才会更强大，战胜自我，我们才能成为真正的勇士和智者。

逃避现实是没有用的，无论你怎样逃避，现实都不可能改变，它会随时随地纠缠你。"抽刀断水水更流，借酒消愁愁更愁"，正像我们无法把水流截断一样，我们同样无法把生活中的折磨痛苦消灭掉，唯一的办法就是去面对它，解决它。无论你今天是下岗了，失业了，还是工作中遭到了排挤，打压，商战中输给了对手，还是生活中、爱情中遭遇了挫折，你的内心都会遭受折磨，煎熬。惧怕这种煎熬，借酒消愁、麻痹自我、逃避现实是于事无补的。我们要做的就是让自己从自我麻痹中迅速清醒过来，让这种锥心之痛来锻造我们，让我们战胜自我，提升自我，学会更多的处世技巧，重新追求光明的生活。

面对生活中的磨难，我们不妨像高尔基诗篇中的海燕一样，高喊一声："让暴风雨来得更猛烈些吧！"这才是真正的勇者。

先苦后甜，经历是人生的宝贵财富

经历过折磨的痛苦，才能体会到获得的喜悦。这句话可以通过下面一个小故事诠释出来。

一个男人，有了一份小小的事业，于是，面临着很多花花草草的诱惑。他决定同与他交往了七八年的女人分手。他开始寻找女人的缺点，个子高大，一点也不懂温柔，甚至脸上还有一颗碍眼的黑痣。打定了主意之后，他去车站接女人回来。时间一点一滴过去了，他没有接到女人，却听到了一个令人震惊的消息，她所在的那个山城，下了暴雪，导致一辆客车出了车祸。他顾不得危险，马上去了那个山城，找到了收容车祸伤者的医院。结果，他没有找到她，痛苦折磨着他的心，他不禁想起了她以前种种的好，总是默默地支持着他的工作，他有胃病，她让他一定要吃早餐，甚至为他学会了煮豆浆。“她为什么不是那个只擦伤了一点皮的女人，为什么不是那个断了腿的女人，甚至为什么不是那个成了植物人的女人？”如果她还活着，他一定好好对她，让她成为最美丽、最幸福的新娘。她甚至在电话中还暗示过他们的婚礼，自己却因为犹豫，没有正面回答她，他的心里充满了悔恨。

当然，不久他接到了她的电话，因为暴风雪，她留在了一位同学家中，因为山里面信号不好，她没能及时打电话给他。巨大的重新获得的喜悦冲击了他的大脑，他握着话筒，泪如雨下，最后他们幸福地生活在了一起。

如果没有那场车祸，如果没有失去的折磨，这个男人永远不会知道自己有多喜欢自己的女友，永远不知道珍惜自己所拥有的幸福。

对于我们来说也一样，只有经历过折磨的痛苦，我们才更能体会到获得的喜悦，才更能珍惜自己的一切。生来富足，没有经历过磨难的人，即使获得了

巨大的成功，也不会感觉到无比的喜悦。第一，他觉得一切都是理所应当、顺理成章的，顺境让他没有体会到成功必须付出的代价。第二，他没有付出比别人更大的努力。第三，没有磨难作为对比，没有体会到折磨的痛苦，自己没有心理落差，喜悦就没有那么巨大。

事实上，这样幸运的人实在是少见。人们通常都是经过一番折磨、一番痛苦才收获成功的。所谓“不经一番寒彻骨，哪得梅花扑鼻香”。只有经历了生命中的冬天，经历了生活无情的磨砺，才知道成功的不易和获得的喜悦。

唐僧历经九九八十一难才取得真经。有人说，那只不过是神话，事实上，唐玄奘从中国陕西，徒步到印度去，经历的艰难险阻，困难折磨，只会比神话中多，而不会少。他要穿越危险的丛林，干旱的沙漠地带，古代的交通不发达，他绕了很多远路，历经了很多危险，才到达印度，把印度佛法带到中国来。与此相似的，还有著名的鉴真大师，他8次渡海，才到达日本，历经了海上的风浪危险，鉴真大师的一双眼睛失明了。日本大昭寺中，受万人敬仰的鉴真大师，不是平白无故就得到世人敬重的。日本人的傲慢世人皆知，他们肯对一个平凡的中国人膜拜，不是没有原因的。因为他历经磨难，把中国先进的佛法和建筑文化带到了日本，因为他是坚强意志和善良本性的化身。

事实上，我们要获得成功，历经的艰难绝不会比他们多。因为，社会越来越进步，我们的条件越来越优越，只要我们坚持奋斗，就更容易获得成功。但是我们也要看到，随着社会的进步，大家都在追逐成功，追求卓越。竞争也越来越激烈，商人要争取大生意，几年前就开始准备，打通人脉，收集情报，训练人员，事事争先。而为了争取更好的职位，职员们更是加倍努力修炼自己，比能力，比做事效率，人人争先。在这样的竞争中，我们要想出人头地，也不是随便就可以做到的。在这个过程中，谁更有远见卓识，更有智慧，谁更早行一步，谁在面对折磨时更加冷静清醒，更早站起来，谁就能比别人拥有更多优势，就能更快到达人生的巅峰。

人生中有很多苦难，但所有的苦难中，几乎都藏匿着成长和发展的种子。在欢喜状态时，人们通常不会自我反省，也没有上进心。相反，在苦恼挫折的折磨中，我们反而会经常进行自我反省，不断进步，超越自己。因此，我们反而会在忧患中得到进步，得到成功的机会，这才是真正的幸福和欢乐的开始。

没有磨难，就意味着没有进步。你没有进步，别人却在不断进步，你就会离成功越来越远。因此，磨难的痛苦，反而意味着获得的喜悦。我们要欢迎这种磨难，享受这种磨难，就像享受收获一样。

俗话说："饿了吃糖甜如蜜，饱了吃蜜蜜不甜。"有了痛苦折磨的对比，收获的喜悦才会更加显著，如果我们一直沉浸在喜悦之中，反而不能够体会成功带来的成就感、快乐感，我们的快乐就会打折。

人世间总是先苦后甜，"宝剑锋从磨砺出，梅花香自苦寒来"。没有磨砺的痛苦，没有苦寒的折磨，甚至连自然界的一切都失去了它的魅力。明白了这个道理，我们就会更乐意体验折磨的痛苦，体会进步、收获带来的快乐。有苦有乐，才是人生；有失有得，才能成就大业。

得过且过，只能是庸庸碌碌的一生

在《钢铁是怎样炼成的》一书中，主人公保尔·柯察金说道："人最宝贵的就是生命，生命对于每个人来说只有一次。人的一生应该这样度过：回首往事，他不会因为虚度年华而悔恨，也不会因为碌碌无为而羞愧。"一个人最糟糕的就是庸庸碌碌地度过一生。

“庸庸碌碌”这个词，“庸庸”指平庸的，没有目标的，或有目标无计划的生活；“碌碌”指忙忙碌碌但是却碌碌无为，整天都在忙，没有闲暇，却没有成果，没有作为。那么庸庸碌碌都有哪些表现呢？第一，没有人生目标，无事忙；第二，没有生活热情，乐趣少；第三，对生活控制能力差，常常陷入空虚之中。

你经常感到疲惫吗？你经常对自己的未来感到迷茫、不知所措吗？你在工作中感觉不到乐趣吗？你经常陷入空虚和绝望吗？你经常陷入杂乱无章的冥想中吗？你做事没有章法，经常陷入混乱吗？如果你的生活没有章法，常常陷入一片混乱之中；如果你感到每天都有做不完的事，却没有明显的成果。那么，你正在过一种无效、至少是低效率的生活，也就是庸庸碌碌的生活。

事实上，我们中的很多人都在过这样的生活。你对未来有明确的规划吗？你每天都有计划地做事吗？你对自己的工作是了然于胸、有条有理的吗？你很享受自己现在的生活，并且努力追求更好的生活吗？不！我们中的大多数人都不能够做到，或者做得都不够好。正像如果你想增加财富、留住财富，就要学会理财，学会有计划地花钱一样。如果你想让自己的人生更加充实，更加有意义，永远朝着更加美好的方向前进，你就要学会打理自己的生活。

那怎样才能拥有一份充实的生活呢？

第一，专注于自己的目标，有计划地做事。

没有目标，就等于没有前进的方向，没有方向，即使你有再好的快马，储备了再多的资本，也会离你的本意越来越远。不能专注于自己的目标，就如同一匹马，一会儿向东走，一会儿向西跑，永远不能到达目的地。

一位刚刚毕业的学生，他很喜欢摄影，于是进了一家报社当记者，尽管他的摄影水平并不是很好，但凭着他对于文字的敏感，总编辑决定试用他，并要求他在摄影技巧方面多多练习。因为刚刚毕业就找到了如此好的工作，他很得

意，于是又托同学找了一份短信编辑的工作，又开始准备考研复习的资料，却把总编辑锻炼摄影技巧的要求忘在了脑后。短短的试用期很快过去了，报社最终没有录取他。他感到无比后悔，此时，他才明白自己最想要的其实是做一个出色的记者。目标的迷失让他早早尝到了人生的苦果。

除了明确的目标以外，我们还应该有计划地做事，才能避免“无事忙”，整天忙忙碌碌，却没有成果。一个朋友决定在星期天打扫卫生。于是他开始整理书桌，整理到半途发现自己的楼梯扶手也脏了，就扔下书桌，去擦扶手。擦到一半，又发现自己应该从擦玻璃开始整理房间。不久，又去扫地，结果一天过去了，他的屋子还是又脏又乱，丝毫看不出整理过的痕迹。而另一个朋友恰巧相反，他做事之前，就会规划一下应该怎样做才会节省精力，有条有理地做事。如果他决定打扫卫生，就会首先整理，然后擦洗，最后清扫，一整套事做下来，处处有章法，有秩序，从来不混乱，结果他总是花最少的时间，做最多的事。

有目标、有计划地做事，能够节省我们的精力，使自己始终处于有规律的生活之中，避免“无事忙”，落入庸庸碌碌的生活。

第二，有一份自己喜欢，并且努力为之奋斗的工作或事业。

无论我们是在为别人打工，还是有自己的事业，对于工作的热爱，都能够让我们的生活更充实，更有意义。每个人都喜欢玩乐，但我们要清楚，人生的意义不是在娱乐中体现出来的，而是在你为世界做出的贡献中体现出来的。热爱工作可以使我们更充实，更幸福。一个人除了吃饭睡觉，大部分的时间都在工作，如果你不喜欢自己的工作，就等于大部分时间都处在折磨之中。如果对工作没有热情，就不可能有成效，更别提成就大业了。热情洋溢地工作，并在工作中获得乐趣和进步，是我们充实生活的关键。

第三，有生活情趣，有一个和自己有共同爱好的伴侣。

这是每个人都追求的生活，对生活中的所有事都有极大的兴趣，会享受人生，就不会陷入空虚和绝望，不会陷入无意义的冥想。很多人都说日子无聊，情绪郁闷。如果我们看看孩子们尽情地玩耍，少女们充满生气和阳光的笑脸，我们就会让自己高兴起来。常常带着好奇和兴奋的目光观察我们的生活，就会发现很多惊喜，人生也会充满乐趣。

第四，有自己的追求。

一个人对于事业，对于更加美好的生活的追求，是一个人努力的动力。拥有了这样的动力，我们才会充满活力。有些人总是对任何事都提不起兴致，所以，才会萎靡不振，有气无力。恋爱中的人，通常都会神采奕奕，那是因为对于爱情的追求使他们快乐。任何时候，做一个有理想、有追求的人，都会让你的生活更加生机勃勃。

有悲有喜、有巅峰、有低谷、有痛苦、有喜悦，才是人生。尽管人生并不完美，尽管有时我们不得不承担很多折磨，遭遇很多磨难，但只有这样的人生才是真实的，才是充实的。一个人最糟糕的就是无风无浪，庸庸碌碌地度过自己的一生。

开启新人生，才是对过去的最好修正

面对折磨，我们只有站起来，才有机会修正自己所犯的错误，减轻内疚、悔愧，才能够从折磨中解脱出来。

不管造成麻烦、痛苦的原因是什么，我们总能够在自己身上发现一些事实的或想象出来的错误。这些错误使得我们内疚、悲哀，陷入绝望。我们也许都曾被内疚和忧患击倒过，我们有种种逃避折磨的办法：借酒消愁，操起毫无意义的嗜好或者没精打采地转悠，消磨时光。任自己沉浸在痛苦中无法自拔。只有重新振作起来，我们才能够摆脱痛苦和折磨，修正自己犯过的错误，如果我们无法修正，就要尽量弥补错误带来的后果。那么，怎样开始我们的第一步，从而一步步摆脱折磨呢？

其一，结束毫无意义的逃避，反省自己的错误。

逃避，是我们麻痹自己的一种方式，在这样的麻痹中，我们会失去自我，变得迷迷糊糊，浑浑噩噩。只有结束这种麻痹，我们才能够变得清醒，只有直接面对那种锥心的痛苦，我们才会振作起来。痛，会刺激得让我们跳起来，也会让我们更清醒地认识到自己的错误。只有清醒着，我们才能重新站起来，开始新的生活。

其二，摆脱痛苦，结束折磨。

要想驱赶痛苦，并不是很容易的事，但只要我们挥剑斩断自己的烦恼痛苦，才能够无牵无挂地继续上路。怎样摆脱痛苦呢？有下面几种方法：

第一，学会向别人倾诉，宣泄自己委屈、内疚的情绪。

向人倾诉是从痛苦中解脱的好办法，通常我们陷入悲伤之时，找一个知心好友，倾诉自己的心事，要比在孤独中自己舔舐伤口更能够摆脱哀伤。聊天可以让我们快乐，向一个可以推心置腹的朋友倾诉痛苦，可以让我们有松一口气的感觉。

李某是一个喜欢独自承担痛苦的人，他信奉的原则是，如果你不高兴，请不要把这种情绪传染给别人。但是，生活中他并不快乐，朋友们也不是很喜欢他。一次，他遭受了巨大的打击，很长时间无法从痛苦中解脱出来。于是，一位朋友建议他去看心理医生，他拒绝了，因为他不喜欢把自己的隐私透漏给陌生的人。于是那位好友说：“如果你相信我，向我诉诉苦吧。”李某一边喝酒

一边向朋友尽情地发泄悲痛，尽管朋友一句劝慰他的话也没说，但他感到自己好像放下了一个大包袱，轻松了很多。这样的倾诉，并没有给朋友带来任何烦恼，相反，他们的关系更融洽，更友好、亲密了。

印度诗人泰戈尔曾说：“与朋友分享痛苦，痛苦就变成了半个；和朋友分享快乐，快乐就变成了两个。”倾诉痛苦不但让我们宣泄了负面情绪，而且能够让我们与朋友间的关系更亲密。所有人都喜欢坦诚的朋友，倾诉痛苦，正是一种坦诚的表现，是重视别人的表现。如果你已经不能承受麻烦所带来的折磨，那么向朋友倾诉吧，那将是你开始摆脱痛苦的开始。

第二，到唤起记忆的地方去，倾听新生和重新生活的声音。

如果你陷于极度迷茫的困境中，回到你曾经生活的地方，就能够得到意想不到的欢乐和力量。很多人在遇挫时，都喜欢故地重游。比如，自己高考失利了，如果能回到当初学习的教室，就能回忆起很多求学时美好的情景，就会重新燃起斗志，为重读备战。也就摆脱了痛苦，站了起来。

第三，回到众人中间去。

如果害怕别人的嘲笑甚至同情刺伤我们的自尊，我们的确需要孤独。但我们也要适时地放弃孤军作战，回到众人中间去。在众人中间才能感受到真实世界的美好热情；从别人的鼓励中，我们能够收获力量；在热爱生活的、乐观的人们中间，我们会感染快乐的力量，恢复重新生活的勇气。重新生活的路最终要通过我们与别人的亲密关系和共同努力才能获得，回到众人中间去，是唯一一条和他人建立共同努力关系的道路。

如果你能做到这些，就能够很快摆脱痛苦，结束折磨。折磨结束之后，我们要开始新的生活，那从什么地方开始自己的第一步呢？

第一，从原谅自己和别人开始。

原谅自己的错误，因为自己的失误来惩罚自己是不明智的。不要责备别人对你做的事，别人对你的伤害，如果是你应得的，你就要从中学到一些东西；如果是委屈的，就要忘掉它。宽容自己并原谅他人，是我们重生的第一步。

第二，从修正自己的错误，弥补自己的过失开始。

如果我们能迅速修正自己的错误，就会减轻自己后悔的心理。如果错误是不可改正的，或者它已经造成了很严重的后果，我们就要试着从其他方面弥补自己的过失，减轻愧疚之情。一位经理，因为自己的过失给公司造成了很大的损失。虽然没有人埋怨他，但他依然陷入了痛苦，直到他为公司作出了另一项贡献，才止住自己的愧疚之情。改正自己犯下的错误，弥补自己的过失可以减轻我们的心理负担，得到安慰，得到重新生活的勇气。

第三，从最简单的事做起。

因为我们刚刚遭到了巨大的痛苦，困难的事会影响我们重生的热情，让我们更加惧怕站起来。

为了唤起这种热情，我们要从最简单的事做起，才能一步步坚定自己的信念，重新站起来，走出去。一个人突然失明了，于是他陷入了绝望，直到他遇见另一个失明的人。那个人对他说道："哦，你可以从自己洗袜子开始。"简单的事，可以增加我们的勇气，有了开始的几步，你会在重生的路上走得更稳，更远。

有开始，才有机会修正错误，弥补过失，从现在开始，就试着摆脱痛苦，重新开始生活吧。这会让我们获得弥补自己过失的机会，如果我们没勇气站起来，就会一直沉浸在犯错的内疚中。让我们勇敢地摆脱困境，重新来到生活的正常轨道上来吧。

知足常乐，不过是你安于现状的借口

刚刚走出校门的学生，多数都怀有远大的理想，但在社会上打拼几年之后，特别是那些没有较大发展的人，渐渐感受到衣食住行等实际需要的重要性，在获得了一个稳定的饭碗时，往往会在时间的消耗下失去进取的锐气，无奈地满足于眼前的一切。

哲人说，自己是最大的敌人，人有时最难突破的就是自身的局限性。很多时候，一个处于困境中的人往往比那些已经取得温饱条件的人更有作为。想迈开脚步大干一场，又不舍得抛开自己现有的温饱的保障，如此瞻前顾后，必定无所作为。

曾听一位教授讲过这样一个故事：

有一个小孩子，见一只蝙蝠掉在地上，挣扎了好大一会儿也没有飞起来，心里就开始纳闷儿了：奇怪呀，蝙蝠是非常灵巧的动物，怎么落到地上之后就飞不起来了呢?

带着这个疑惑，小孩子去找他父亲。父亲把他带到了一个山洞里面。只见山洞的洞顶和洞壁倒悬着无数的蝙蝠，就是没有一只栖落在地面上的。

见小孩子一副不解的样子，父亲就说：这是蝙蝠在给自己一片危崖。

蝙蝠为什么要给自己一片危崖呢?小孩子还是不解，它这样做岂不是让自己每时每刻都处在危险中了吗?

父亲笑着告诉他：蝙蝠一旦脱离了攀附的洞壁，就会直接摔在地上。为了避免坠落而亡，蝙蝠只有尽全力地扑打着翅膀，努力使自己向上、再向上，所以我们才看到了灵巧飞翔的蝙蝠……

可是，为什么蝙蝠掉到地上之后，就再也飞不起来了呢?

父亲接着解释道：蝙蝠一旦掉到地上，就再也没有悬挂在洞壁时那种“生的危险，死的威胁”的感受了。没有这种生死攸关的感受，蝙蝠也就不可能再尽全力地去飞了，而正是因为没有尽全力地去飞，才使得它永远也飞不起来了！

给自己一片没有退路的悬崖，从某种意义上来说，正是给自己一个向生命高地发起冲锋的机会。当一个人面临后无退路的境地，就会集中精力奋勇向前，从生活中争到属于自己的位置。出路还没打探明白的时候，就先开始筹划退路，这势必会影响他们开拓新生活的冲劲，进三步退两步，很难有根本性的改变。

私营企业领军人物，新希望集团总裁刘永好，曾是四川省机械厅干部学校讲师。在还没有创业时，他也是一个生活不是很富裕的人。后来，他与几位兄弟相继辞去公职，卖掉自己的自行车、手表等一切值钱的东西，凑足1000元人民币，到川西创业，办起良种场。

万事开头难，刘氏兄弟的第一笔生意就差点让良种场夭折。当时，资阳县一个养鸡专业户向他们预订了10万只良种鸡。由于种种原因，对方后来只要了2万只，剩下的8万只鸡怎么办？打听到成都有市场后，他们连夜动手编竹筐，此后四兄弟每日凌晨4点就动身，先蹬3个小时自行车，赶到20公里以外的集市，再用土喇叭扯起嗓子叫卖。等他们将几千只鸡卖完，拖着疲惫的身子蹬车回家时，早已是月朗星疏了。这样，十几天下来，四兄弟个个掉了十几斤肉，但所幸的是8万只鸡苗总算全脱手了。

回顾这段经历，刘永好说，为了创业我投下了一切赌注，如果干不下去，我的公职、财产将一无所有，所以再苦再难，也要往前走。再艰辛，压力再大的事儿，只要沉下心来去做了，这一关就总能挺过来。

在这个时代，墨守成规、缺乏勇气的人，迟早会被时代所抛弃。处处求稳，时时都给自己留有退路，这是一种看似安全其实却充满潜在危机的生存方式。

有退路的人可以随时回避艰险，所以很难保证他前进的决心有多大，而自

己把一切撤退的后路都封死，就等于封死了自己瞻前顾后的可能性。美国的企业家协会的信条是这样一句话：

我是不会选择去做一个普通人的，如果能够做到的话，我有权成为一位不寻常的人，我寻找机会，但我不寻找安稳。

不管在世界的哪一个角落，那些曾经赤手空拳成功创业的人，血液里都有一种共同的“不安分因子”。切断退路，四处出击，这与中国人传统的“知足常乐”的行为准则不合，于是一些人对世事表现出一种不平的心态，他们既渴望成功，又害怕失败，偏爱坐而论道，缺乏果敢的行动。

新经济时代，胆量决定财富，四平八稳不是富人的脾气，机遇面前，敢拼才会赢。山穷水尽地背水一战，常常是富人的必修课程，尽管他们清楚这种决断之后的道路会十分艰险，但是没有这一步，人生就是一潭死水，淹没的是一个人的挑战性和创造性。

当然，大部分人同样明白机遇往往和风险相伴随的道理，只是在他们的理想之中，一直想寻找一个“进可攻，退可守”的山头。事实上，怀着撤退的心思打仗的人，在气势上已先输了一阵，最终也难逃随波逐流，混一口粗茶淡饭的结局。

第4章

锻造你心灵的韧度，人生方能经得起风雨

生活中，我们发现，一些人或满腹经纶，或能力超群，但他们却同时拥有一个致命的弱点，那就是缺乏一种抗打击的能力，往往一遇到微不足道的困难与阻力，就立刻裹足不前，没有韧性，遇硬就回、遇难就退、遇险就逃，综合起来，也就是意志力这一情商的缺乏，因此，终其一生，他们只能从事一些平庸的工作。其实，一个人跌倒并不可怕，可怕的是跌倒之后爬不起来，尤其是在多次跌倒以后失去了继续前进的信心和勇气。不管经历多少不幸和挫折，内心依然要火热、镇定和自信，以屡败屡战和永不放弃的精神去对付挫折和困境。那么，你会不断强大起来。

心灵的深度决定了人生的高度

生活中有很多事情看似不可更改和不可实现，在许多时候是事情给我们的错觉，我们被迷惑了。

在这个世界上，一些人成功了，轰轰烈烈；一些人却失败了，平平庸庸。究其失败的原因，并不是他们缺少智慧，也不是缺少机会，而是因为他们在通往成功的大道上，在突如其来的障碍面前丧失了坚持下去的勇气和信心，因为他们认为目标遥不可及，理想是不可能实现的。这样的心态使他们在到达成功的彼岸之前，黯然离去……非凡与平庸的最大区别并不是在于身体的强健与否，而在于人的思想正确与否，人的心智清明与否。我们对世界的认知，以及感悟大自然的精神能量，使你有能力为自己而创造美丽新世界。面对一座高山，让我们疲惫的往往不是遥远的路途，而是我们认为“不可能”到达的心态。

一位哲人曾经说过：“你的态度决定你的高度。”你用什么样的态度去对待某件事，其结果也会像你的态度一样。生活中许多事情的成败，并不是事情本身的困难大小决定的，而是由我们的心态决定的。如果你认为某件事情你觉得不可能办成，那么你就会失去尝试的勇气和动力，它也就真的变得不可实现了。如果你觉得某件事你可能做到，你能够通过自己的努力接近目标，在你勇于尝试之后，也许它真的就实现了。

曾经有位学者在一所小学里做过一个著名的实验。新学年开始的第一天，

这位学者让校长把三位教师叫进办公室，对他们说："我这几天查看了你们过去的教学档案和成绩，认为你们是本校最优秀的老师。因此，我们特意挑选了100 名全校最聪明的学生组成三个班让你们教。这些学生的聪明才智比其他孩子都高，希望你们能把他们带出来，让他们取得更好的成绩。"三位老师都高兴地表示一定尽力。校长又叮嘱他们，对待这些孩子要像对待其他学生一样，不要让孩子或孩子的家长知道他们是被特意挑选出来的，老师们都答应了。

一学年之后，这三个班学生的成绩果然名列整个学区的前茅。这时，校长告诉了三位老师真相：这些学生并不是刻意选出的最聪明的学生，而是随机抽调的。三位老师大跌眼镜，他们没想到会是这样，于是就都认为是因为他们教学的功劳。没想到，更让这三位老师想不到的是，这时校长又告诉了他们另一个真相，那就是，他们三位也不是被特意挑选出的全校最优秀的教师，也不过是随机抽调的普通老师罢了。

故事中的这三位教师都认为自己是最优秀的，并且所带的学生又都是最聪明的，他们投入全部的信心和精力用于教学活动，对教学工作前所未有的热情使得他们工作起来非常卖力，取得好成绩也就成了理所当然的事情。

做任何事情，最怕的是对自己没信心，否定自己的能力，当面临一些挑战时，便以为自己做不了，结果当然是一事无成。反之，如果做事情之前充分地肯定自己，对自己充满信心，坚定地对自己说"我能，我行"，那么即使是一些以前从未做过的事情也能完成得很完美，甚至能创造奇迹。

不要随便否定自己，告诉自己，无论前方的路有多遥远、多崎岖，都能到达。

要正确面对失败与挫折，认真总结经验教训，永不气馁。失败了并不可怕，可怕的是我们失败后不能采取一种正确的心态和行动。失败是每个人在前行路上必经的坎坷，不要因为一两次小小的失败就怀疑自己、看轻自己、否定自己。

在非洲中部地区干旱的大草原上，有一种体形肥胖的巨蜂。巨蜂的翅膀非常小，脖子也很粗短。但是这种蜂在非洲大草原上能够连续飞行250千米，飞行高度也是一般蜂类所不能及的。它们非常聪明，平时藏在岩石缝隙或者草丛里，一旦有了食物就立即振翅飞起；尤其是当它们发现这一地区即将面临极度干旱的时候，它们就会成群结队地迅速逃离，向着水草丰美的地方飞行。

这种强健的蜂被科学家称为“非洲蜂”，但科学家们对这种蜂却充满了好奇。因为根据生物学的理论，这种蜂体形臃肿而翅膀却非常短小，在能够飞行的物种当中，它们的飞行条件是最差的，从飞行的先天条件来说，它们甚至连鸡、鸭都不如；从流体力学来分析，它们的身体和翅膀的比例根本是不能够起飞的；即使人们用力把它们扔到天空去，它们的翅膀也不可能产生承载肥胖身体的浮力，会立刻掉下来摔死。

但事实却是，非洲蜂不仅能飞，而且是飞行队伍里最为强壮、最有耐力、飞得最远的一类物种。

哲学家们对此给出了合理的解释：非洲蜂天资低劣，但它们必须生存，而且只有学会长途飞行的本领，才能够在气候恶劣的非洲大草原活下去。简单地说，若是非洲蜂不能飞行，它就只有死路一条。

什么叫“置之死地而后生”？非洲蜂给出了很好的回答。非洲蜂更让我们相信，在一个执着顽强的生命里，没有什么叫作“不可能”。

让心先到达，不管是因环境所迫还是自己发自内心地积极主动，只要有一颗认为一切都可能实现的心，坚信脚永远比路长，取得理想的成就只是时间和机遇的问题。

世上无难事，只怕有心人。有“心”就是要怀有一颗“可能”之心，世间并没有真正意义上的障碍，有的只是不同的选择、不同的心态。有“可能”的态度，选择“可能”就等于给自己一个敢于超越自我的机会，从某种意义上说，也是鼓舞自己向生命高地冲锋的一个机会，给自己一张出类拔萃的入场券。所

谓“不可能”，也许只是自己在自我面前设立的一道障碍。只要你心怀可能，拥有足够的勇气，成功也许近在咫尺。

生活中有很多事情看似不可能更改和不可能实现，在许多时候是事物给我们的错觉，我们被迷惑了。生命本身就是神奇的，每一个人的身上都蕴藏着无数的奇迹。

让希望之光在心中点亮

给人生一个支点，给生活一个位置，找到属于你的那一条起跑线，做一个勇敢奔跑的人，你会发现，你的生活中会拥有更多的闪光点。

我们经常说“在其位，谋其政”，处于什么身份、位置的人，在最适合自己的领域施展拳脚，才不至于四处碰壁。古往今来，有多少能人志士感叹：“时运不济，命运多舛。”又有无数英雄豪杰慨叹：“英雄无用武之地。”但是，他们没有发现，自己只是一味固守着属于自己的一方净土。没有转换思想，展示自己，走出那不属于自己的舞台。现如今的我们时常感叹自己无人欣赏，“埋没人才”一词经常挂在嘴边。要知道，“千里马常有，而伯乐不常有”。与其整天怨天尤人，不如寻求突破，做自己的伯乐。

看到同自己一起长大、一起上学的人逐渐飞黄腾达、锦衣玉食，闲暇时开着私家车去郊游、购物，还在为下月房租奔忙的你是否也慨叹命运的不公呢？“他上学时成绩不如我，人缘也不如我，如今挣钱却是我的好几倍。真不公平啊！”这些牢骚话，你是否也经常将它挂在嘴边呢？不需去嫉贤妒能、抱怨再三，是金子总有发亮的时候，但就怕那金子在明亮的日光灯下不愿变动，则最

终毫无光芒可言。一个人能否成功，从某种程度上来说，取决于对自己的评价，这种评价有一个通俗的名词——定位。在心中你给自己的定位是什么，你就是什么，因为定位能决定人生，定位能改变一个人的命运。

有人说，“人放对了地方是天才，放错了地方就是垃圾。”为了使自己得到充分发展，给自己的人生找一个闪亮的位置，给生活找一个坚强的支点是至关重要的，记住：在很大程度上，你可以掌握自己的命运，展现自己的价值！

一个乞丐站在地铁出口处卖钥匙链，一名商人路过，向乞丐面前的杯子里投入几枚硬币，匆匆而去。过了一会儿，商人回来取钥匙链，说：“对不起，我忘了拿钥匙链，因为你我毕竟都是商人。”

几年后，这位商人参加一次高级酒会，遇见了一位衣冠楚楚的老板向他敬酒致谢，并告知说：“我就是当初卖钥匙链的那个乞丐。”他的生活的改变，得益于商人的那句话。

乞丐也可以成为卓越的商人，你甘心做一个乞丐，你就是乞丐，当你坐在商人的宝座，你就是商人。它会强迫你具有商人的头脑和心态，从假模假式到用心钻研再到驾轻就熟，这是一个顺其自然的蜕变的过程。不过，我们还应该认识到，就算你给自己定位了，如果定位不切实际，也不会取得成功。因此，你一定要记住，在给自己定位时，有一条原则不能变，即你无论做什么，都要选择你最擅长的。只有找准自己最擅长的，才能最大限度地发挥自己的潜能，调动自己身上一切可以调动的因素，并把自己的优势发挥得淋漓尽致，从而获得成功。生活中，很多年轻人对自己的长处认识得还不够充分。例如，善于待人接物的人并不认为他们的特长与别人有什么区别；口才出众的人也不一定会想到这可是自己身上的一个长处。而许多成就卓著的人士，他们的成功首先得益于他们充分了解自己的长处，根据自己的特长来进行定位或者重新定位，最终找准了真正属于自己的行业，让自己在最合适的地方闪闪放光。

比尔供职于一家拥有数千名员工的大公司。在这么大的公司中，像他这样的普通员工多如牛毛，比尔一直为自己得不到提拔和重用而懊恼。

一天晚上加班，他的主管让他到地下仓储室去取一件东西，刚走进门，突然停电了。他摸摸身上的打火机，可惜没有找到。如果返回 35 层的办公室取应急灯或者蜡烛，又浪费时间，主管着急要呢！正当他一筹莫展的时候，他身上的手机响了起来，伴随着悦耳的铃声，一片光亮在偌大的仓储室里漫溢开来。比尔一拍脑袋，马上有了办法。尽管白天或者在有光亮时这个手机的屏幕光不是很明显，甚至由于习惯了都没感觉到它的光亮，可是在这黑暗的地下室里，手机屏幕上的光非常耀眼。借助它的光亮，比尔在货物堆里找到了他要的东西，及时地交给了主管。

比尔从这件事上获得了灵感。他在当晚的日记里写道：星星悬挂于月亮旁边，当然无法让人看到其光芒。如果懂得如何把自己放在一个恰当的位置上，让自己亮在暗处，原来微弱的光就会特别耀眼。

过了几天，比尔就向其主管辞职，加盟了一个只有几十人的小公司，并从市场部的一个小职员开始做起。因为他在原先那个大公司里积累了丰富的工作经验，自己又有不俗的实力，不久就被提升为项目部主任。后来，他又从主任的位置升任项目部经理。然而，他没有在这个位置上久留，又从这家公司跳槽到了另一家更适合他的公司，并逐渐做到了经理的位置。最后，比尔成了一家跨国大公司的董事长。别人在问他的成功经验时，他是这么说的：“一个人要成功，必须找准个人能力和职业的最佳结合点，找准自己的位置。”

一个人越早找到最适合自己的位置，就越能够以最快的速度取得成功。如果你坚信自己是金子，能迸发出耀眼的光芒，但你现在却终日郁郁寡欢，被众多的无足轻重的琐事缠身而无法自拔，那么，请你看一下自己是不是站在了“暗处”。你要知道，同样是一块金子，你把它放在阳光底下和放在屋子里，它发出的光亮是截然不同的。

人生有诸多的选择，让我们最为困惑的不是选择走哪条路，而是当走在某条路上时，我们不知道、不肯定我们的脚走在了最光明的路上，我们依然会时不时地顾盼其他路途上的旅客，用他们走过的每一个脚印的深浅和自身比较，用他们所暂时得到的耀眼的荣誉、利益和自己相斟酌。你会发现，在他们中间，你不是生活得最好的一个，但你总也不是最差的一个。生命就像是一次赛跑，在生活诸多的跑道上，你不必去顾忌你是占据了内道还是外道，只要你选择一个适合自己的赛跑项目，用心去起跑，其到达终点的距离是一样长的。给人生一个支点，给生活一个位置，找到属于你的那一条起跑线，做一个勇敢奔跑的人，你会发现，你的生活中会拥有更多的闪光点。

心若在，梦就在

在不断求索的过程中，因为我们年轻，我们怀有希望，失败并不会成为一件可怕的事情。年轻没有失败，失败了从头再来。

人生的路途千万条，每一条都有荆棘为伴。坚强者一往无前，无所畏惧，而失败者逡巡不前，最终选择寻找更为平坦的路。殊不知，艰苦的环境不一定就是人生的不幸，相反还会成为磨砺人生的砥石。

在现实生活中，当你看着别人走进成功的大门，享受功成名就的祝福时，你还在门外徘徊。只有你自己清楚，你的内心也是那样渴望成功，你也无数次在夜深人静的时候思考怎样实现自己的理想，怎样成功。但你却又让无数的失望将你打败，让无数的困难将你绊倒，于是你落在平庸人的队伍中。

生命如此短暂，你甘心让它在无为中消逝吗？充分地肯定自己，拥有一颗坚强的心，拥有对成功的强烈渴望，跌倒时不沮丧，失败时不气馁，你很快就会迎来明媚的彩虹。

从前，在一座高山上的古庙里，生活着一位人人敬仰的智者。

这一天，一个在追求成功的道路上屡屡失意的年轻人艰难地爬上山来，向智者询问成功的秘诀。智者递给他一粒带壳的花生，说："来吧，用力捏碎它。"

只稍稍用了一点儿力，年轻人就把花生捏开了，饱满圆润的花生米一下子就蹦了出来。但是，智者却微微一笑，叫他再用力去搓花生米。年轻人也照着办了，搓下红色的花生皮儿，只留下了白白的果实。智者再叫他用力去捏。年轻人甚是迷惑不解，但还是照着做了。但他不论如何用力，却怎么也捏不碎这粒花生仁。

这个时候，智者才语重心长地告诉年轻人："虽然屡屡遭受打击与磨难，也失去了很多东西，但始终都要拥有一颗坚强不屈的心，只有这样才会有美梦成真的希望啊！"

失败和挫折是铸造强者的最好的磨具。只有经历过不幸、挫折、失败和痛苦的磨炼，努力打造心灵的韧度，把不幸和命运握在自己手中，才能在生活中做到宠辱不惊、镇定自若，在面对突发情况时临危不惧、冷静处之；才能使自己始终保持积极而平和的心态，不偏不倚、不疾不缓地朝着既定目标前行。

如果你的产业被大火付之一炬，在废墟中，你是否有勇气高唱：从头再来！东北的一位女士就这样做了。

小刘自己创办了一家小企业，效益还算不错。但天灾让她瞬间一无所有。仅两个多月，一场无情的大火再次把她推入谷底。那天，一阵急促的电话铃声把小刘惊醒："经理，不好了，厂子着火了！"小刘眼前一黑，跌跌撞撞跑出家门。距离工厂不远时，已经看到翻滚的黑烟直冲天空。她走入工厂，看到整个厂房

都烧塌架了，工人们拿着水桶、脸盆还在救火，满身焦黑。在东北这个最寒冷的早晨，她无声地哭了。马上要交给客户的货都烧没了。但她更担心自己的工人，她让工人都站出来，挨个点名，得知都安然无恙，她吁出一口长气。

站在一片焦黑的瓦砾中，她沉思良久，走到工人面前，深深鞠了一躬，高声说："厂子和货都烧没了，现在如果有人想走，每人发200元钱天亮就可以走。如果大家能留下来，我一定不会让大家失望的。一年后的今天，我为大家举行庆功会！"

工人们半晌没有吱声，这时不知是谁带着哭音唱了起来：心若在，梦就在，天地间还有真爱，看成败，人生豪迈，只不过是从头再来……是啊，这是为他们经理的行动唱的。她用行动唱了最动听的《重新再来》。18天后，人们看到工厂奇迹般浴火重生了。而且由于她良好的人际关系，工厂很快恢复了运转。

一个人一时的失败是在所难免的事情，其并不可羞、可悲，但如果不敢正视失败，一辈子活在畏惧失败的阴影里，那你永远也抬不起头来。

在不断求索的过程中，因为我们年轻，我们怀有希望，失败并不会成为一件可怕的事情。如果你在失败后不敢再次尝试，在现实的苦难中变得越发软弱，你心甘情愿地停留在现有的状态，平淡的生活会磨去你对美好生活的向往。

一分耕耘，一分收获，这是再浅显不过的道理。而只有真正用心付出、用心努力的人，才能拥有更多的收获。努力去做，就算是这次失败了也不要灰心，记住一句话："年轻没有失败，失败了从头再来。"

你心里的，就是你眼里的世界

如果你的眼里充满对生活的希冀，即使在命运的玩笑中也能高昂着头，跨过心灵的绊马索，不断地充实自己和超越自己。

在竞争的环境中成长起来的我们，在比、学、赶、帮、超的同时，也不经意地多了些复杂的心理。很多人容易嫉妒，相反，也有那么一小部分人容易自卑。

在竞争的路上不断比较，在得与失、笑与悲之中，有些人逐渐失去了最初的目标，失去了真实的自我。

有竞争，就有成功和失败。特别是在生活压力越来越沉重的今天，每一点小小的收获，每一步小小的成功，对我们都很重要，让你不敢轻易松手和做出其他选择。也正是因为过于看重获得的利益，害怕失去，以至于让很多人逐渐畏怯去选择看似更好的机遇，因此他们的人生在此停滞不前。

更有甚者，在某一次不幸成为竞争的失败者或淘汰者后，他们就失去了再一次站起来的能力和勇气。从此，自卑和胆怯占据了他的内心，在希冀成功的到来时，多少没了些底气。其实，成功的机会对于每个人都是公平的，关键看我们如何对待它。只有克服畏怯和自卑感，在可能成功时充分相信自己，才能将成功紧紧地攥在我们的手心里。面对一件将去做的事不要考虑过多，甩开自卑，抛去畏怯，相信自己，勇敢地迈出第一步，你的命运或许就此改变。

在现实生活中，畏怯和自卑感往往会让一个人与成功的机会失之交臂，抱憾终生。害怕与陌生人交谈，害怕在大庭广众之下发表自己的观点，害怕与别人不一样……渐渐地，我们消失在大众的眼中，躲在角落里为心中的那份理想默默地努力奋斗着。

俗话说：金无足赤，人无完人。既然如此，何必因为自卑或缺乏自信而抹杀了你所有的“闪光点”呢？每个人都具备走向成功的条件，但是具备成功者心态的人却不多。而只有看到自己所拥有的，不自卑于自己所没有的，才能跻身于成功者的行列。

这是一场特殊的演讲会，她站在台上，双手不规律地在空中挥舞着；她的嘴张着，偶尔也会咿咿唔唔地说些什么。可以说她是一个不会说话的人，但是她的听力很好，只要有人说出她的意思，她就会激动得歪歪斜斜地向他走来，送给他一张她自己制作的明信片。她是一位自小就患脑性麻痹的病人。脑性麻痹在夺去她肢体的平衡感的同时，也夺走了她发声讲话的能力。从小，肢体的残疾给她的生活带来了诸多不便，众人异样的眼光更是令她难堪。然而她并没有让这些外在的痛苦击败她内在奋斗的精神，接受命运造成的既定事实，她并不自卑，更不畏怯，充分相信自己在艺术方面的天赋，经过常人难以想象的努力，终于获得了加州大学艺术博士学位。

一个学生小声地问她，“请问黄博士，你怎么看待自己的残疾？你都没有怨恨吗？”“我怎么看自己？”她在黑板上写下这几个字，她写字时有股力透纸背的气势。写完这个问题，她回头看看发问的同学，然后嫣然一笑，又龙飞凤舞地写了起来：

①我很可爱！

②我的腿很长、很美！

③爸爸妈妈很爱我！

④我会画画！

⑤我会写稿！

⑥还有……

她接着在黑板上写道：“我只看我所有的，不看我没有的。”

掌声由学生群中响起，她倾斜着身子站在台上，满足的笑容，从她的嘴角

荡漾开来，有一种永远也不被击败的傲然，写在她脸上。她就是黄美廉。

很少人的生活是残酷的，很少人像黄美廉这样身体残疾。但能像她这样坚强自信的人却不多。面对自身的缺陷，她没有感到自卑；面对生活中的重重困难，她没有畏怯。她以一种永远也不被击败的傲然姿态面对生活。

“我只看我所有的，不看我没有的。”多么掷地有声的一句话。哲人说，上帝是公平的，给谁的都不会太多。关键是你怎样看待自己的一生和命运。

从前，有两个小孩子，一个叫赛迪，他很聪明，学什么东西一点就通，因此颇为骄傲；另一个叫迈克，有些笨，一直都在用功，却很难进入前几名，于是就显得自卑了。不过，迈克的母亲却总是鼓励他：“如果你总是以别人的成绩来对照自己，那你始终也不过是一个‘追逐者’。有时候，虽然奔驰的骏马在起初的时候呼啸在前，但最终抵达目的地的，却往往是那些充满耐心和毅力的骆驼。”

慢慢地，赛迪和迈克都长大了，但奇怪的是：以聪明自诩的赛迪，一生业绩平平；而有些笨的迈克，尽量在各个方面充实自己，一点一点地超越自我，最终成就了非凡的业绩。这就使得赛迪愤愤不平，以至于很快就郁郁而终了。

赛迪的灵魂随风飞到了天堂，他气呼呼地质问上帝：“你也知道的，我的聪明才智远远超过了迈克，应该比他更伟大，可为什么你却让他成为人间的卓越者呢？”上帝笑了，说：“可怜的赛迪啊，你到死都没有弄明白，我在把每个人送到人间去之前，就已经在他生命的‘褡裢’里放了一件相同的东西，这就是世人常说的‘聪明’。只不过，我把你的聪明放在了‘褡裢’的前面，所以你看到自己的聪明之后就开始骄傲自大起来，以至于贻误了你的一生；至于迈克，我把他的聪明放在了‘褡裢’的后面，他因为看不到自己的聪明，也就只有一个劲儿地仰头看着前方了，所以他一生都在不停地迈步向前，最后取得非凡的成就也在所难免了！”

在生活中，不管我们遇到什么事情，你都要坚信，任何一个人，都有着自己独特的秉性和天赋，也都有着自己实现人生价值的切入点和突破口。如果你只能看到眼前的优势，因此而沾沾自喜，从而束缚了手脚，那你很可能就无法取得更大的突破；反之，如果你的眼里充满对生活的希冀，即使在命运的玩笑中也能高昂着头，跨过心灵的绊马索，不断地充实自己和超越自己。

发现自我，让心找到前进的方向

人活于世，每个人都有自己的价值，都是独一无二的，切不可因为在某方面逊色于别人就失去自我。

曾听过这样一个故事：

有一天，国王心血来潮，到花园里散步。当他看到花园里面的景象时，不禁吃了一惊！过去绿意盎然、花团簇锦的花园，竟然变得无比荒凉。于是，国王疑惑地询问园丁，究竟发生了什么事，花园怎么会变成这样。

园丁说：“我尊敬的国王啊！这是因为橡树认为它比不过松树的高大，所以死了；松树因为比不过葡萄秧能结果子，所以也死了；而葡萄秧因为不能像橡树一样直立，因此也死了；至于其他的植物花卉，也都是因为各有比较而死去了。最终，花园因此而渐渐荒凉了。”

忽然间，国王发现花园里的草仍然生机蓬勃，不免又好奇地问园丁：“为何其他的植物都枯死了，只有这一片草地仍然绿意盎然呢？”

园丁微笑着说道：“这是因为小草们并不想成为松树、橡树、葡萄秧或者其他植物，它们知道自己的价值是什么，所以也只想做它们自己而已。因为这

样的想法，所以，它们自然就生机蓬勃、绿意盎然！”

每个人都想做高大的树木，都想攀升到高处，感受一览众山小的感觉。但生活的现实，却总会让你处于一个劣势地位，跟别人相比，把自己的日子过得捉襟见肘。于是就有许多人觉得自己一无是处、毫无建树，一生都会如此庸庸碌碌。

殊不知， 每个人都具有世界上独一无二的价值，没有任何人、事、物能够取代我们，也没有任何人、事、物能够贬低我们，除非我们自己看轻自己、自己贬损自己。

人活着就应该善待自己，在低潮时给予自己鼓励。在人生的旅程中，我们无法避免诸多的挫折，但是不管那些无情的打击如何使我们痛苦、受伤、难堪，我们都不应该忘记自身的价值，更不应该妄自菲薄。

有一个出家弟子跑去请教一位很有智慧的师父，他跟在师父的身边，天天问同样的问题：“师父啊，什么是人生真正的价值？”问得师父烦透了。

有一天， 师父从房间拿出一块石头，对他说：“你把这块石头，拿到市场去卖，但不要真的卖掉，只要有人出价就好了，看看市场的人，出多少钱买这块石头？” 弟子就带着石头到市场，有的人说这块石头很大，很好看，就出价两元钱；有人说这块石头，可以做秤砣，出价 10 元钱。结果大家七嘴八舌，最高也只出到 10 元钱。弟子很开心地回去，告诉师父：“这块没用的石头，还可以卖到 10 元钱，真该把它卖了。”

师父说：“先不要卖，再把它拿去黄金市场卖卖看，也不要真的卖掉。”

弟子就把这块石头拿去黄金市场卖，一开始就有人出价 1000 元钱，第二个人出价 1 万元钱，最后出到 10 万元钱。

弟子兴冲冲跑回去，向师父报告这不可思议的结果。

师父对他说：“把石头拿去最贵、最高级的珠宝商场去估价。”

弟子就去了。第一个人开价就是10万元钱，但他不卖，于是20万元钱，30万元钱，一直加到后来对方生气了，要他自己出价。他对买家说，师父不许他卖，就把石头带了回去，对师父说："这块石头居然被出价到数十万元钱。"

师父说："是呀！我现在不能告诉你人生的价值，因为你一直在用市场的眼光看待你的人生。人生的价值，应该是一个人心中先有了最好的珠宝商的眼光，才可以看到真正的人生价值。"

每个人都有属于自己的独特价值，善待自己的人，懂得自身价值的大小，绝不在于别人的评价，而是在我们给自己的定价。

坚持自己崇高的价值，接纳自己，磨砺自己。给自己成长的空间，每个人都能成为"无价之宝"。

黏土在天才的手中变成了堡垒，柏树在天才的手中变成了殿堂，羊毛在天才的手中变成了袈裟。如果黏土、柏树、羊毛经过人的创造，可以成百上千倍地提高自身的价值，那么你为什么不能使自己身价百倍呢?

哲人说，我们的命运如同一颗麦粒，有着三种不同的道路。麦粒可能被装进麻袋，堆在货架上，等着喂给家畜；也可能被磨成面粉，做成面包；还可能播种在土壤里，让它生长，直到金黄色的麦穗上结出很多颗麦粒。人和一颗麦粒唯一的不同在于：麦粒无法选择是变得腐烂还是做成面包，或是种植生长。而我们有选择的自由，有行动的自由，更有心的自由。我们不该让生命腐烂，也不会让它在失败、绝望的岩石下磨碎，任人摆布。

善待自己的人知道，每个人都是一座宝藏，重视自己的价值，并不断开发和提升它，平庸的人生就不会属于自己。

第5章 拓展人生张力，始终做最出色的自己

我们都知道，人无完人，没有人是毫无缺点的，如果我们将缺点无限制放大，那么，它将会腐蚀我们的心，阻碍我们成功；而如果我们能正视缺点，并在心里把缺点限制在一定的范围内，它就会成为我们努力和奋斗的催化剂，助我们成功。因此，我们每个人都要记住一点，信心是一种态度，更有一种魔力，常使“不可能”消失于“无形”。我们都要学会为自己喝彩，给自己鼓励和信心，这样，你才能冲出自我设限的牢笼，激发出自己的潜能，才能够成为翱翔人生天空的雄鹰，并且也能不断地让人生有更美好的发展！

相信自己，你就是最出色的

人生是依靠强烈的自信支撑起来的，一旦我们失去了自信，就违背了自己的本性，不敢肯定一切，人生也就没有了根。

善待自己，就要学会放松心情，让自己拥有旺盛的斗志和坚定的信心。萧伯纳说，“有信心的人，可以化渺小为伟大，化平庸为神奇。”哲人说，相信自己是一种信念，它不是繁花如梦似锦，却如青松雪压不倒。正因为有了这样的信念，我们才会坚持到底，自信永远。相信自己，不管前面的路如何难走，只要我们努力，就会成功，同样也不要在意成功多少，只要今天比昨天稍微好一点，我们就要庆贺，因为这是自信的开始。 人生是依靠强烈的自信支撑起来的，一旦我们失去了自信，就违背了自己的本性，不敢肯定一切，人生也就没有了根。我们会消极、迷惘，不知道自己该干什么，一遇到不利于自己的情势，就会为难发愁，甚至逃避，结果，无论多么好的机会摆在你面前，你都抓不住。信心是你走向成功的最有力的保障。生活就是这样，有时决定你成败的不是能力的高低，而是你是否有信心，是否一如既往地相信自己。

英国有一位年轻的建筑设计师，很幸运地被邀请参加了温泽市政府大厅的设计。他运用工程力学的知识，根据自己的经验，很巧妙地设计了只用一根柱子支撑大厅天顶的方案。一年后，市政府请权威人士进行验收时，对他设计的一根支柱的方案提出了异议，他们认为，用一根柱子支撑天花板太危险了，要

求他再多加几根柱子。年轻的设计师十分自信，他说，只要用一根柱子便足以保证大厅的稳固。他详细地通过计算和列举相关实例加以说明，拒绝了工程验收专家们的建议。

他的固执惹恼了市政官员，年轻的设计师险些因此被送上法庭。在万不得已的情况下，他只好在大厅四周增加了 4 根柱子。不过，这 4 根柱子全部都没有接触到天花板，其间相隔了不易察觉的 2 毫米。时光如梭，岁月更迭，一晃就是 300 年。300 年的时间里，市政府官员换了一批又一批，市府大厅坚固如初。直到 20 世纪后期，市政府准备修缮大厅的天花板时，才发现了这个秘密。消息传出，世界各国的建筑师和游客慕名前来，观赏这几根神奇的柱子，并把这个市政大厅称作“嘲笑无知的建筑”。最为人们称奇的，是这位建筑师当年刻在中央圆柱顶端的一行字：自信和真理只需要一根支柱。

这位年轻的设计师就是克里斯托·莱伊恩，一个很陌生的名字。很多人极力搜寻有关他的信息，在仅存的一点资料中，记录了他当时说过的一句话：“我很相信。至少 100 年后，当你们面对这根柱子时，只能哑口无言，甚至瞠口结舌。我要说明的是，你们看到的不是什么奇迹，而是我对自信的一点坚持。”

自信是一根柱子，能撑起精神的广漠的天空。自信是一片阳光，能驱散迷失者眼前的阴影。马尔顿说：“坚决的信心，能使平凡的人们做出惊人的事业。”在现实生活中，每个人的能力大小虽然各不相同，但如果一个人对自己充满信心，肯定会对他的事业产生不可估量的推动作用。

许多年前，有一个哲学家在感觉自己行将就木之际，想考验和点化一下自己的助手，使他能够继承自己的衣钵。他把助手叫到床前说：“我的蜡所剩不多了，要找另一根蜡接着点下去，你明白我的意思吗？”“明白，”那位助手赶忙说，“您的思想光辉是要很好地传承下去……”“可是，”哲学家慢悠悠地说，“我需要一位最优秀的承传者，他不但要有相当的智慧，还必须有充足的信心和非凡勇气……这样的人选直到目前我还未见到，你帮我寻找和发掘一位好吗？”“好的，好的。”助手很温顺很尊重地说，“我一定竭尽全力去寻找，以不辜负您的栽培和信任。”

哲学家笑了笑，没再说什么。那位忠诚而勤奋的助手，不辞辛劳地通过各种渠道四处寻找。可他领来一个又一个人，总被哲学家一一婉言谢绝。

半年之后，哲学家眼看就要告别人世，最优秀的人选还是没有眉目。助手非常惭愧，泪流满面地坐在病床边，语气沉重地说："我真对不起您，令您失望了！”

“失望的是我，对不起的却是你自己。”哲学家说到这里，很失意地闭上眼睛，停顿了许久，才又不无哀怨地说，“本来，最优秀的人就是你，只是你不敢相信自己，才把自己给忽略、给耽误，给丢失了——其实，每个人都是最优秀的，差别就在于如何认识自己，如何发掘和重用自己。”话没说完，一代哲人就永远离开了他曾经深切关注着的这个世界。那位助手非常后悔，甚至自责了整个后半生。

故事中的那位助手如果拥有自信的话，也许在哲学家还身体健康的时候，就能继承他的衣钵。自信就是这样一种推动人生的力量，它产生于人的心中，作用于人的心理。

自信的英文写法是 confidence，这个英文单词源自两个拉丁字 :con 以及 fidens， 意思是“有信心”。对自我有信心并不是表示环境完全不会使你产生动摇的念头，或者是使你怀疑自己的判断力。它所指的不是一般的自信心，而是一种内在的对自我的信任，让你相信自己可以解决你所面对的一切问题，没有什么能难住你。

对于善待自己的人来说，他们懂得如何培养和激发自己的信心。一位心理学家给出了一个简单的建议：每天早上，你都可以对着镜子大声地说你是最棒

的。每天晚上临睡前，你都可以夸一夸自己，找一下自己的优点。在每天这样的循环中，你就会发现你越来越自信了。

积极进取，不断挑战自己

对于那些永不满足，希望人生能不断实现突破的人来说，人生最精彩的部分永远是在下一次，在未来。

在这个世界上，有两种人很可能一生一事无成：一种是自甘堕落、无所追求的人；一种是那些轻易就满足，从此不思进取的人。对于大多数受过高等教育的年轻人而言，理想教育在他们心底早已根深蒂固，教育专家所担心的不再是个人的盲目、无知，而是要考虑怎么帮助他们树立可行的、实际的目标和理想。

因此，我们说，这一代的年轻人，如果了此一生时仍无所作为，那他多半属于容易满足的人。

古人云：路漫漫其修远兮，吾将上下而求索。这是对知识、对自我的一种永不满足，也只有这样的人，才能最终成就他的伟大。

世界顶尖潜能成功学大师安东尼·罗宾在心灵革命的课程中，为了证明人类的巨大潜能曾做过下面的实验：那是一种赤足从火上走过的课程，在整堂课里，所有的学员都必须面对火红炽热的木炭所铺成的“火路”，然后大胆地赤足走过。对于那些没有这种经验的人来说，那是极为骇人的场面，有的人哭叫；有的人腿软了；更有的人浑身发抖；甚至有人苦苦哀求免去这种“考验”，不过最终所有的学员还是得走过这条路，因为没有经历过这场考验的人，就无法

在随后的课程中取得最大的效果。

对此，安东尼·罗宾说：“我们当中很少有人有过这样的经验，但是有不少人看见过他人赤足走过火路的场面，特别是在寺庙的拜火祭奠中。当我们看见别人平安走过火堆之后，总以为是神明在庇护那些人，或是有人预先在火堆中做了手脚，殊不知只要在妥善安排的情况下，人人都能平安走过。”

根据美国一些科学家的观察与测试，发现不需要跑，只要步行的速度足够快，便不容易灼伤脚底。因为每当脚掌在接触火炭的瞬间，便会立即释放出汗水，在那层汗膜尚未蒸发前提起脚掌，汗水便吸收先前的热量而化为蒸汽消逝，因而脚掌丝毫不会受到损伤。由于大多数人不了解人体的神奇机能，以无知来接触那些自己视为可怕的遭遇，便容易陷入畏缩不前的状态中。当那些研讨会的学员在咬紧牙关平安走过火堆后，他们整个观念会有很大的改变，因为原先认为做不到的事情，竟然轻易可以实现，而且毫发无损。原来，“任何限制都是从自己的内心开始的”。

被无知蒙蔽双眼、绊倒自己，其中可悲与悔恨想必每个人都曾有过。并不是我们天生愚昧，而是认识自己、认识事物时，你在做途中跑，而没有尽快跑到终点。

认识自己、把握自己，从而不断地“修筑”自己，你的事业才能尽快扬帆启航。在远行的途中，任何光彩夺目的成就只是迈向事业成功的一小步。只有不满足于现在的成就，才能认识到自己在成功的道路上只走了一小步；只有不满足，才会懂得不断地提高和完善自己；只有不满足，才会渴求下一次更大的成功。

在艺术界，毕加索的大名无人不知。这位西班牙著名的画家，活了 91 岁。

而在 90 岁高龄时，当他拿起画笔开始创作一幅新画的时候，对眼前的事物仍然好像是第一次看到的一样。年轻人总喜欢探索新鲜事物，探索解决

新问题的方法，他们朝气蓬勃，热衷于试验，从不安于现状；老年人总是怕变化，他们知道自己什么最拿手，宁愿把过去的成功之道如法炮制，也不愿冒失败的风险。可毕加索不是普通人，当他 90 岁时，仍然像年轻人一样生活着，不安于现状，寻求新思路和新的表现手法，所以他成了 20 世纪享有盛名的画家之一。

毕加索生前体验了从穷困潦倒到荣华富贵的转变，其艺术作品也经历了从无人问津到被人高度赞赏两种境遇。这正是他永远把现在的成就看作成功的一小步，满怀希望地憧憬着下一次的成功，永不满足、不懈追求的结果。

“球王”贝利在足坛上初露锋芒时，有个记者曾问他：“你觉得，自己哪个球踢得最好？”他回答说：“下一个！”当贝利在世界足坛上大红大紫、踢进 1000 个球之后，记者又问他同样的问题，而他仍然回答：“下一个！”在事业上有所建树的人都同贝利一样，有着永不满足、不断进取的精神。

对于那些永不满足，希望人生能不断实现突破的人来说，人生最精彩的部分永远是在下一次，在未来。永远对未来充满憧憬，才能以更好的心态去面对、去希望，然后用这种满怀希望的心态做事，才能取得更大的成就。

优秀的人永远把现在的成就看作一个新的起点，现在的成功只是万里长征中的第一步；而普通人取得一点成就，就扬扬得意，满足于现状。所以，优秀者一步一步从优秀走向卓越，而普通人故步自封，往往坐吃山空。

拥抱希望，苦难不应该是生活的主调

希望是不幸者的第二灵魂，向往美好的未来，是困难时最好的自我安慰。

在众多的书中，你经常看到在困境中坚韧不屈、奋发图强的故事，坚韧、勤奋、自信……这些都是一个人成功的必备素质，其间没有捷径可走，有耕耘才有收获，这是世间不变的真理。

有奋斗就有苦难，有人说，“苦难本是一条狗。生活中，它不经意就向我们扑来。如果我们畏惧、躲避，它就凶残地追着我们不放；如果我们直起身子，挥舞着拳头向它大声吆喝，它就只有夹着尾巴灰溜溜地逃走。”

人生来就有很大的差别，这一点我们不得不无奈地面对。有些人注定一生无须努力奋斗就能拥有荣华富贵，而有些人则一辈子忙忙碌碌，到头来却也只是混得个温饱，连一个固定的栖身之地都没有。

还有些人，他们生来就身体不健全，苦难就如同那个神奇的苹果砸在牛顿头上一样，也砸到了他们的生活中，而且看似更加现实和残酷。

曾听过这样一个真实的故事。

她是一个从娘胎里出来就无手无脚的女人，手脚的末端只是圆秃秃的肉球。8岁时，有了思想的她就想到了死。可悲的是，她无法找到死的方法：用头撞墙，由于没有四肢支撑，在碰得几个血泡、摔得一脸模糊之后还是安然活着；绝食，又遭到母亲的怒骂：“8年，我千辛万苦拉扯你8年了……”看着母亲的眼泪，她毅然反省：“我要像一个正常人一样活下去！”于是，她开始训练拿筷子。她先用一只手臂放在桌子边缘，再用另一只手臂从桌面上将筷子滑过去，然后两个肉球合在一起。她从一根筷子开始，再到两根筷子，日复一日，血痕复血痕，9岁那年，她终于吃到了自己用筷子夹起的第一口饭。

学会拿筷子后，她又开始学走路。她将腿直立于地面，努力保持身体的平衡，和地面接触的部位从血痕到血泡，从血泡到厚茧，摔倒爬起，爬起摔倒。10岁，她学会了走路。也就在这年，她有了读书的念头。在父母及老师的帮助下，她成了村上小学的一名班外生。于是，她用胶皮缠在腿上，不论寒暑和风雨，

总是早早到校。她用手臂的末端夹着笔写字，付出了比常人多数十倍的努力，从小学到初中，到自学财务大专。

1988年，她被云南省的一家工厂破格录用为会计，后因回报父母养育之恩返回到父母身边。回家后，她自谋生路，贩卖水果。如今，她不仅是远近有名的孝女，而且“贩回”一个高大健康的丈夫，膝下有一双活泼可爱的儿女，一家人温馨、甜蜜，其乐融融。她的名字叫胡春香，她给手脚健全的我们上了生动的一课——只有你勇敢面对苦难，苦难就会如一片浮云一样从你生活的天空轻轻掠过。

面对苦难，你撕心裂肺地痛哭、煎熬着，但同样的痛苦也发生在自己的亲人身上。一如故事中的主人公的母亲，她心中的痛苦与自责，不会比承受苦难的女儿要轻。

有时人的选择是坚强的，也会是无奈的。很多人的坚强都来源于没有退路，被迫让自己只有坚强起来，才能存活下去。面对苦难，抬起头来，笑对它，相信“这一切都会过去，今后会好起来的”。要谨记，希望是不幸者的第二灵魂，向往美好的未来，是困难时最好的自我安慰。在多难而漫长的人生路上，我们需要一颗健康的心，需要绚烂的笑容。格连·康宁罕是美国体育运动史上一位伟大的长跑选手，他的伟大，不仅在于他取得的成绩。更在于他笑对苦难、把握命运的信心。

在他8岁那年，一场爆炸事故使他双腿严重受伤，而且腿上没有一块完整的肌肤。医生曾断言他此生再也无法行走。面对黯然神伤的父母，康宁罕没有哭泣，而是大声宣誓：“我一定要站起来！”

康宁罕在床上躺了两个月之后，便尝试着下床了。为了不让父母看见伤心，康宁罕总是背着父母，拄着父亲为他做的那根小拐杖在房间里挪动。钻心的疼痛把他一次次击倒，他跌得遍体鳞伤也毫不在乎，他坚信自己一定可以重新站起来，重新走路奔跑。几个月后，康宁罕的两条腿可以慢慢地屈伸了。他在心底默默为自己欢呼："我站起来了！我站起来了！"于是，康宁罕又想起了离家两英里的一个湖泊。他喜欢那儿的蓝天碧水，他喜欢那儿的小伙伴。康宁罕心向湖泊，更加坚强地锻炼着自己。两年后，他凭借着自己的坚韧和毅力，走到了湖边。从此，康宁罕又开始练习跑步，他把农场上的牛马作为追逐对象，数年如一日，寒暑不放弃。后来，他的双腿就这样"奇迹"般地强壮了起来。再后来，康宁罕不断地挑战自己，成了美国历史上有名的长跑运动员。康宁罕用他的行动告诉我们：苍天不会虐待生命的热爱者，不会辜负与苦难顽强斗争的人心底执着的渴望。

苦难是一所没人愿意上的大学，但从那里毕业的往往都是强者。面对苦难和挫折，应该把自己的情感和精力转移到有益的活动中去，从而将不良情绪导往比较崇高的方向，使其得到升华，这是最为积极的办法。善于采取升华这种积极的方式，就能像贝多芬说的一样："通过苦难，走向欢乐。"

燃烧激情，积极主动地为未来奋斗

勤奋的神灯一直照在努力者的前方，失败的魔爪永远抓着懒惰者的后腿。激情和主动，是划分两者的最好的标尺。

生活本身就是平平淡淡的，生命本身也是普普通通的。但很多伟人能够在注定的平淡中创造出卓越的成绩，多源于他们对生活、对事业强烈的追求及成功的渴望。换句话说，是内心迸发出的激情，给予他们不断向着一个个目标前进的加速度。

我们常看到那些表面光滑的鹅卵石装点着鱼缸，想必它原本不是圆滑的形状，流水的日夜冲刷让有棱有角的石头成了鹅卵状。人生如同鹅卵石，原本有棱有角的个性，在岁月的 磨砺下逐渐变得圆滑，个性不再鲜明。

有人说激情是鼓动船帆的风，没有风船就不能行驶；激情是工作的动力，没有动力事业就难有起色。生活告诉我们，灵感可以催生不朽的艺术，激情能够创造不凡的业绩；缺乏激情，疲沓涣散，很可能一事无成。

轰轰烈烈、平平凡凡、凄凄惨惨，这是人生可能遇到的三种境界，如果上帝眷顾你，在你出生之时，就给你一次机会让你选择，你会选择哪一种？轰轰烈烈的人生是每个人都追求的，但可悲的是，在现实生活中，大多数的人都平平凡凡，甚至凄凄惨惨！为什么不同的人会有如此大的差距呢？他们之间真的有不可逾越的鸿沟吗？当然不是的。他们之间的差别在于一个人是否富有渴望和激情地对待人生。

世界著名励志大师拿破仑·希尔描述过他和他的母亲一起乘船渡江到纽约的经历。那是一个有浓雾的夜晚，他们俩站在船上望着茫茫大海，母亲突然欢叫道："这是多么令人欣喜的景观啊！""什么东西让您如此欣喜呢？"希尔问道。

母亲依旧充满热情："你看呀，那浓雾，那四周若隐若现的灯光，还有消失在雾中的船带走了令人迷惑的灯光，多么令人不可思议。"母亲的热情极大地感染了拿破仑·希尔，他也着实感觉到厚厚的白色雾中那种隐藏着的神秘、虚无及点点的迷惑。一颗迟钝的心得到了一些新鲜血液的渗透，他不再没有感觉了。母亲转过头，凝望着希尔，语重心长地说："从你出生之日起，你就一直在聆听着我给你的忠告。不管以前的忠告你有没有听进去，但今天的忠告你一定要听，而且要永远牢记。那就是，世界从来就有美丽和兴奋存在，它本身就是如此动人、如此令人神往，所以，你自己必须要对它敏感，永远不要让自己感觉迟钝、嗅觉不灵，永远不要让自己失去那份应有的热情。”

母亲的这番话，拿破仑·希尔永远地记在了脑海里，并在以后的日子里始终实践着。在被浓雾吞噬的海景中发现依然能看到令人欣喜的景象，如此乐观的人，他们的血液里永远不可缺少的一种元素就是激情。很难想象，一个生来就没有激情的人会是什么样子，同样，不难看出，一个激情满怀的人会是怎样的热爱生活，充满朝气。激情催人奋进，让人永不停歇，直至生命的终结。当我们把激情看成一种动力，让自己热血沸腾时，你同样要记住这句话：

“勤奋的神灯一直照在努力者的前方，失败的魔爪永远抓着懒惰者的后腿。”曾经在一本书中读过这样一个“对号入座”的游戏，10 年后的你，在社会这个金字塔中位于哪一层呢？以下是现实社会中最常见的四种人，他们构成了不同阶层的金字塔。

最顶层是卓越的人，即领导者或领袖。具有很强的主动性是这类人最大的特点。对于他们来说，主动性就是没有被人告知，却在做着恰当的事情。他是自动自发的，他的体内有一部发动机。除了完成他分内的事之外，一切有益的、合适的事，他都会孜孜不倦地去做，他们永远都是领导、领袖的候选人。世界赋予了他巨大的褒奖，这种褒奖不仅有财富，还有荣誉和地位。

第三层是优秀的人。是类似于《把信送给加西亚》中罗文式的人物，他们对待自己的工作和任务，“领袖”只需布置一次，他就能认真地做好，不论有什么困难险阻，不需要任何人再讲第二次，而且下次再做同类事情就不需要别人耳提面命了。这种人仅次于自动自发的人，他们是优秀的执行者，他们永远不会失业，是社会上的白领，是公司里出色的部门经理。

第二层是非常普通的人。他们对待要做的事，往往需要别人布置 2~3 次，提供相应的条件，他才会相应地去做好事。且做事情的时候，总是磨磨蹭蹭

的。这种人与荣誉和财富绝缘，他们只能做普通人，并且永远不会有出人头地的日子。

处于金字塔最底层的是那些“贫困者”。他们的奋斗动力或者说是激情只来自饥寒交迫、山穷水尽之时，而且要背后有人踹他一脚才会出门找食。这种人似乎一辈子都在辛苦工作，却又怨天尤人，抱怨老天不公、运气不佳，而老板又如何压榨，却不知道反省自身的问题。只有当他们被贫穷压迫得没有出路时，才会去做事。但一旦有了钱，懒病又会发作。在现实生活中，这类人通常遭到漠视，收入当然十分微薄。他们一生中大部分时间都在盼望幸运之神突然降临到自己身上。但谁都知道，天下没有免费的午餐。如果上帝就上面的“金字塔”也给你一次选择的机会，无疑，傻子都知道顶层的风光无限好，一览众山小的感觉谁都想品味一下。但你更要明白的是，走向顶层的人，他们每一步都踩着艰辛，同时，你首先应该具有的就是拥有他们共同的品质——自动自发，也就是主动性。

人生的成就是靠激情和主动缔造的，每一个不甘于“穷困”“平凡”、希望“优秀”的人，在他们的字典里，在他们的人生中，都应给这几个字以最好的注解和诠释。

在最佳的位置上成就独特的自我

在生活和工作中要不断完善自己，使自己变得不可替代。让别人离了你就无法正常运转，这样你的地位就会大大提高。

大部分年轻人，在初入职场时都干着微不足道的工作，当着一个小小的螺

丝钉，为整个大机器的运转保驾护航。对于一个庞大的运行体系来说，每一个螺丝钉具有不同的价值。倘若你被安排在了枢纽环节，你的失误或松懈也许就会造成“千里之堤，溃于蚁穴”的遗憾和悲剧。反之，也只有处于那个位置，才能逐步活出自己的意义，不会在被别人蔑视的目光里苟且一生。

每个人在少年时代，都有很多理想，要成为指挥千军万马的伟人，要成为驾驶宇宙飞船上天的科学家，很少有人一开始就想到自己要做平凡的工作，要投入平凡的人生。等他们真正进入社会之后，就会明白生活中的琐碎远比激情要多，大多数人还是要伏下身子做事的。

耐不住性子的年轻人，在浮躁心态的作用下、在跳槽心理的作用下，难免会出现“松动”，这是最为可怕的。既要干这份工作，又不专心致志，岂不是白白浪费自己的时间？抬头观察周围的人，同样是一颗“螺丝钉”，但发挥的光和热是不一样的。

能够在平凡的岗位上经受别人不能经受的历练，展现自身强大的价值，你才能逐渐让自己变得不可替代，这样的你，才能拥有更上一步，不断高升的资历。

在很久以前，在某个地方建起了一座规模宏大的寺庙。竣工之后，寺庙附近的善男信女们就每天祈求佛祖给他们送来一个最好的雕刻师，好雕刻一尊佛像让大家供奉，于是如来佛就派来了一个擅长雕刻的罗汉幻化成一个雕刻师来到人间。雕刻师在两块已经备好的石料中选了一块质地上乘的石头，开始了工作。

可是，没想到他刚拿起凿子凿了几下，这块石头就喊起痛来。雕刻的罗汉就劝它说：“不经过细细雕琢，你将永远都是一块不起眼的石头，还是忍一忍吧。”

可是，等到他的凿子一落到石头身上，那块石头依然哀嚎不已：“痛死我了，

痛死我了。求求你，饶了我吧！”雕刻师实在忍受不了这块石头的叫嚷，只好停止了工作。于是，罗汉就只好选了另一块质地远不如它的粗糙石头雕琢。虽然这块石头的质地较差，但它因为自己能被雕刻师选中，而从内心感激不已，同时也对自己将被雕成一尊精美的雕像深信不疑。所以，任凭雕刻师的刀琢斧敲，它都以坚忍的毅力默默地承受着。

雕刻师则因为知道这块石头的质地差一些，为了展示自己的艺术，他工作得更加卖力，雕琢得更加精细。

不久，一尊肃穆庄严、气魄宏大的佛像赫然立在人们的面前，大家惊叹之余，就把它安放到了神坛上。

这座庙宇的香火非常鼎盛，日夜香烟缭绕，天天人流不息。为了方便日益增加的香客行走，那块怕痛的石头被人们弄去填坑筑路了。由于当初承受不了雕琢之苦，现在只得忍受人来车往、车碾脚踩的痛苦。看到那尊雕刻好的佛像安享人们的顶礼膜拜，内心里总觉得不是滋味。

有一次，它愤愤不平地对正路过此处的佛祖说：“佛祖啊，这太不公平了！您看那块石头的质地比我差得多，如今却享受着人间的礼赞尊崇，而我却每天遭受凌辱践踏，日晒雨淋，您为什么要这样的偏心啊？”佛祖微微一笑说：“它的资质也许并不如你，但是那块石头的荣耀却是来自一刀一锉的雕琢之痛啊！你既然受不了雕琢之苦，只能最后得到这样的命运啊！”

它们同样有机会从一块默默无名的石头成为万人敬仰的佛像，但是，在雕刻自己的这条路上，由于不能承受痛苦，接受打磨，以致最终只能在平凡的“螺丝钉”的岗位，被众人轻视甚至是踩在脚下，这样的下场着实可悲。

西班牙有位著名的智者在其《智慧书》中告诫人们：“在生活和工作中要不断完善自己，使自己变得不可替代，让别人离了你就无法正常运转，这样你的地位就会大大提高。”完善自己就要经受打磨，每个人在初入社会时都会工作于平凡的岗位。“一起毕业的同学，头一两年聚会时，没有什么大的变化，大家的处境相差无几；5年之后，10年之后，就有了天壤之别。”一位成功的企业家在成名之后的同学聚会上发表这样的感慨。5年、10年，这期间每个人都在完成着从一个普通的“螺丝钉”到核心员工，甚至到管理者的蜕变。在每一步、每一个岗位的竞争中都努力让自己变得不可替代，只有如此，你的蜕变才具有了强大的加速度。现实生活中，很少有人甘于落后、不求进取，许多人总以为自己已尽其最大的努力同艰辛与苦难奋斗，不断完善自己。实则他们并没有尽其一切的可能去努力。世间许多的沉沦，都是由于对客观境遇妥协所造成的，都是由不愿努力、不肯奋斗所造成的。

每个人都是不同的，每个人都是独一无二的，只是有些人尽早发现了这一点，才“笨鸟先飞”；而那些一生庸庸碌碌的人，也并非生而平庸，而是在每一次选择完善自己、实现突破时，放松了自己，不愿让上帝的刻刀深深地打磨自己，最终落得原地踏步，以致仍是一个可有可无的“螺丝钉”。

修炼自己的特色，提升竞争力

现实粉碎着我们的理想，也粉碎着我们对自己的梦。我们会逐渐发现，自己不是那样完美，也不可能变成理想的自己，我们总是有着这样那样的缺点。接纳自己需要勇气，也需要毅力。接纳自己，是一个漫长而痛苦的过程，也是一个人长大、成熟的过程。

直面自己的缺点需要勇气，更需要坦诚，需要包容。认识自己的优点和缺点，明白自己想做的不一定就能做，明白自己能做的不一定全能做好，我们便

会自信、自强，生活便多一些快乐，少一些烦恼。相反，斤斤计较自己的缺点，不原谅自己的失误，则会使我们沮丧、自卑。接受真实的自己，客观地对待自己，我们就能善待自己，善待他人。

其实，生命的价值不依赖我们的所作所为，也不仰仗我们结交的人物，而是取决于我们本身，我们是独特的，永远不要忘记这一点。生命没有高低贵贱之分。一只蜜蜂和一只雄鹰相比虽然不起眼，但它可以传播花粉从而使大自然色彩斑斓。任何时候都不要看轻了自己。在关键时刻，你敢说“我很重要”吗？试着说出来，也许你的人生会由此揭开新的一页！

在一次讨论会上，一位著名的演说家没讲一句开场白，手里却高举着一张20美元的钞票。面对会议室里的200个人，他问：“谁要这20美元？”一只只手举了起来。他接着说：“我打算把这20美元送给你们中的一位，但在这之前，请准许我做一件事。”他说着将钞票揉成一团，然后问：“谁还要？”仍有人举起手来。

他又说：“那么，假如我这样做又会怎么样呢？”他把钞票扔到地上，又踏上一只脚，并且用脚碾它。而后他拾起钞票，钞票已变得又脏又皱。“现在谁还要？”还是有人举起手来。

“朋友们，你们已经上了一堂很有意义的课。无论我如何对待那张钞票，你们还是想要它，因为它并没贬值，它依旧值20美元。人生路上，我们会无数次被自己的决定或碰到的逆境击倒、欺凌甚至碾得粉身碎骨。我们觉得自己似乎一文不值。但无论发生什么，或将要发生什么，在上帝的眼中，你们永远不会丧失价值。在他看来，肮脏或洁净，衣着齐整或不齐整，你们依然是无价之宝。”

为了学习喜欢自己，我们必须面对自己的缺点，容忍自己的缺点，我们必须认识到，没有任何人，包括我们自己，能够100%地优秀。要求别人完美是不公平的，要求自己完美更是荒唐。所以，千万别这么苛待自己。有时候，我们要试着练习自我放松，要学习喜欢自己。忘记过去的错，爱自己，当你认为你是巨人的时候，你才会成为真正的巨人。

真实是保持做人本色的本真体现，做人就应该讲究真实。真实是难得之美。当我们与自己内心和谐一致的时候，我们觉得自己是真实的。真实就像循环的能量一样帮助我们充满活力。保持做人的本色，就是不要丢掉自己真实的一面，用你真实的一面去体察，你就能够透过肤浅的表象，看到一个人的实质。

一个人最为看重的幸福和成功只能从自己生命的本色里去获得。富翁看重金子，而本分的庄稼人却看重脚下那片拴紧他们灵魂的土地，因为他们深信“泥土里面有黄金”。失去本色的人生是灰色的、无光泽的人生，做人，就应该保持自己的本色。

蜚声世界影坛的意大利著名电影明星索菲亚·罗兰的成名经历十分传奇，在她 16 岁的时候，怀着成为电影明星的梦想，只身来到了罗马，没想到，她第一次试镜就失败了，所有的摄影师见了她，都连连摇头，说她达不到美人的标准，都抱怨她的鼻子和臀部不够完美。

导演卡洛·庞蒂把罗兰叫到办公室，建议她把臀部削减一点儿，把鼻子缩短一点儿。言外之意，导演还是想用她做演员。一般情况下，许多演员都对导演言听计从。何况，导演并没有拒绝她，更何况，罗兰正做着明星梦呢！可是，罗兰年纪虽小，却非常自信，她毫不迟疑地拒绝了导演的要求。她说：“我要保持我的本色，我不愿意做任何改变。”正是由于罗兰的坚持，使导演卡洛·庞蒂重新审视她，并真正认识了索菲亚·罗兰，开始了解她、欣赏她。

罗兰没有对摄影师们和导演的话言听计从，没有为迎合别人而放弃自信，

这使她得以充分展示自己与众不同的美。而且，她的独特的外貌和热情、开朗、奔放的气质，得到了人们的喜爱。后来，她主演的《两妇人》获得巨大成功，并因此而荣获奥斯卡最佳女演员金像奖。

当索菲娅·罗兰获得成功之后，她在自传中写道："自我开始从影起，我就按照自己的想法行事，我谁也不模仿，也从不去奴隶似的跟着时尚走。我有自己的想法，也有自己的判断，我只要求我就像我自己。"

一个人在自己的生活经历中，在自己所处的社会境遇中，能否真正认识自我、肯定自我，如何塑造自我形象，如何把握自我发展，将在很大程度上影响或决定着一个人的前程与命运。换句话说，你可能渺小而平庸，也可能美好而杰出，这在很大程度上取决于你的自我意识究竟如何，取决于你是否能够拥有真正的自信。

成功掌握在自己的手中，一个人对自我的态度，既可以作为武器，摧毁自己，也能作为利器，开创一片无限快乐与平和的新天地。要知道，你在这个世界上是个唯一这样的人，应该为这一点而庆幸，应该尽量利用大自然所赋予你的一切。你只能唱你自己的歌，你只能画你自己的画，你只能做一个由你的经验、你的环境和你的家庭所造成的你。不论好与坏，你都得自己创造一个自己的花园；不论是好是坏，你都得在生命的交响乐中，演奏你自己的小乐器。

花开才是本质，你是不是一朵莲花，或一朵玫瑰，或什么无名的、普通的花那没有什么关系，你是谁并不是关键，但你是否像花一样，开花、打开，展现最美的自己才是最重要的。

更具张力的人生，才能看到更远处的风景

人生难免经历艰辛、痛苦，也许会遭遇种种的不幸。环境的艰苦不会使人倒下，只要你有一颗“坚硬”的心。

有人说，人生就是一个大舞台，每天我们都在表演，只有具有张力的演员，他的表演才更具内涵。

一滴水，因为有其内在的张力，才能不折不断。水本无色无形无味。它能顺应形势，变化出任何一款形状。它能根据需要，调配成任何一种口味。它是单纯的，却是变通的、灵动的。它因时而变，夜结露珠，晨飘雾霭，晴蒸祥瑞，阴披霓裳，夏为雨，冬为雪，化而为气，而成冰。它因势而变，舒缓为溪，低吟浅唱，陡峭为瀑，虎啸龙吟。它因器而变，遇圆则圆，逢方则方，直如刻线，曲可盘龙。

拥有内在的韧度，即使外界事物发生何种变化，自身的形状、形态有何改变，其本质依然。人是由水组成的，水在人体中占有很大的比重。人性如水，本如水一样富有张力。水的张力来源于分子之间的力量，而人的张力，则在于心的坚强。人生难免经历艰辛、痛苦，也许会遭遇种种的不幸。环境的艰苦不会使人倒下，只要你有一颗“坚硬”的心。

人生失意何其多，总是在种种的失意面前垂头丧气，生活就会布满乌云。也许你总是渴望自己的工作和生活事事如意，每天都事遂心愿，处于一个舒服的环境中，轻轻松松地生活。但你是否知道，轻松的环境看起来是个养人的好地方。但它充其量只是一个“大鱼缸”而已，没有活水源，也没有自己的发展空间，表面的平静之下，其实隐藏着巨大的危机。

有一个单位办公室门口摆着一个挺大的鱼缸，缸里放养着十几条产自热带

的杂交鱼。这种鱼长约三寸，大头红背，长得特别漂亮，惹得许多人驻足凝视。一转眼两年时间过去了，这些鱼在这两年时间里似乎没有什么变化，依旧三寸来长，大头红背，每天自得其乐地在鱼缸里时而游玩，时而小憩，吸引着人们惊羡的目光。忽一日，鱼缸的缸底被该单位头头那顽皮的小儿子砸了一个大洞，待人们发现时，缸里的水已经所剩无几，十几条热带鱼可怜巴巴地趴在那儿苟延残喘，人们急忙把它们打捞出来。怎么办呢？人们四处张望了一下，发现只有院子当中的喷水泉可以做它们的容身之所。于是，人们把那十几条鱼放了进去。两个月后，一个新的鱼缸被抬了回来。人们都跑到喷水泉边来捞鱼。捞来一条，人们大吃一惊，简直有点手足无措了。两个月，仅仅是两个月的时间，那些鱼竟然都由三寸来长疯长到一尺来长！人们七嘴八舌，众说纷纭。有的说可能是因为喷水泉的水是活水，鱼才长这么长；有的说喷水泉里可能含有某种矿物质；也有的说那些鱼可能是吃了什么特殊的食物。但无论如何，都有共同的前提，那就是喷水泉要比鱼缸大得多！

生活在重压下，人的内在张力和对环境的适应能力就会变得越来越强，只是有些人天生畏怯，不愿也不敢主动去寻求一些改变，而是自觉不自觉地习惯于被事情、被环境推着走。他们怕主动选择后的失误，给自己带来终身的遗憾，他们极力在现在被动选择的环境中做到最好，以告慰自己对得起自己、对得起家人，因为我已竭尽全力。殊不知，人只有不断改变、适应、学习、突破才能逐渐成长。长期固守于特定的环境中，只会如温水里的青蛙一样，最终在竞争到来或生存压力变大时，失去跳跃的本领。

很多人害怕改变、畏惧变动，除了不舍得放弃现有的优势资源外，更多是因为没有了从头做起、从低做起、重新面对艰苦条件的心态。其实，艰苦的环境不一定就是人生的不幸，相反还会成为磨砺人生的砥石，它可以培养坚强的品质、意志和毅力。只有经历过不幸、挫折、失败和痛苦的磨炼，努力打造心灵的韧度，努力拓展人生的张力，你才能把命运握在自己手中，才能在生活中做到宠辱不惊、镇定自若，在面对突发情况时临危不惧、冷静处之；才能使自己始终保持积极而平和的心态，不偏不倚、不疾不缓地朝着既定目标前行。

生活中没有无风无浪的时候，所以期待这样的生活本就是一种奢望。让心飞起来，努力缔造人生的坚韧与顽强，突破自己，改变环境，让自己的生命更具张力，你的生活才会在诸多色彩的点缀中呈现别样的风景。

认清自己，结合兴趣培养优势

每个人都是一块金子，每个人都是一块尚待挖掘的宝藏，就看你是否具有一双慧眼，就看你是否勤奋，能够发现、挖掘出自己的价值，让自己的人生耀眼夺目、与众不同。

很多现实的问题在一个人刚刚步入社会之时就会扑面而来，一时间为了房租、水电费、伙食费奔忙会让很多人失去最初理想的方向，很多人也会为了眼前的既得利益，而放弃发展自己更好的机会。钱重要还是自己的发展重要，这个判断对于稍有点理智的人都很容易。每个人都有自己的兴趣，做自己喜欢做的事情，这是每一个人的梦想，同样，按照自己的兴趣爱好去做，最终也会得到一个很好的结果。

上天赋予每个人不同的个性，上天也给了每个人不同的兴趣爱好，可是有些人偏偏忽略了这一点，盲目跟风、无目的地效仿，看到别人成了钢琴家，自己也盲目地学钢琴，看到别人在画画上有所造诣，自己也去跟风，结果却什么

都是半途而废，最终都以失败而告终。

《罗密欧与朱丽叶》的剧情让无数人动容，他们那缠绵悱恻的爱情故事让无数读者如痴如醉、潸然泪下。至今回首这部名作，我们还会为莎士比亚的文字叫好、称赞。莎士比亚是英国伟大的戏剧家和诗人，他用自己毕生的经历为人类留下了37部戏剧，其中至少有15部被公认为世界文学史上的瑰宝。翻开莎士比亚的人生史册，我们会发现，在他的人生中也出现过抉择，也是在不断挖掘自己的兴趣与价值中成长的。

莎士比亚出生在英格兰中部美丽的埃文河畔，7岁时开始自己的读书生涯，可在校期间，他并不喜欢古板的祈祷文，而偏爱一些古罗马作家用拉丁文写的历史故事，尤其到了每年的五月节，更是他一年中最快乐的日子，因为每每这时都会有戏班子演出，他每场演出必到，戏剧班子走到哪里，他就跟到哪里，如痴如醉地观看着每一场精彩的演出，直到戏班离开斯特拉福城为止。14岁时，莎士比亚离开了学校，开始了他的谋生之路，他到父亲的铺子里做过帮工，在码头做过搬运工，替人家当过导购……但他发现这些都不是自己的兴趣所在，唯独有一次，他意外地在一家剧院找到一份工作，虽然工作很琐碎、普通，主要是替客人看管衣帽，照料有钱的观众上下马车，还有在后台打杂，但这个环境却是他梦寐以求要到的地方。从此，莎士比亚可以真正地接近戏剧了。一有空闲，他就躲在后台静静地观看演员们的排练。这里成了他的戏剧学校。这里也孕育了一位名垂青史的戏剧大师。

1592年的新年，对于莎士比亚来说是个难忘的日子，他的剧本《亨利六世》在伦敦最大的三家剧场之一——玫瑰剧场上演，结果一炮打响。很快《理查三世》《威尼斯商人》《温莎的风流娘儿们》《哈姆雷特》《奥赛罗》《李尔王》相继上演。悲剧《哈姆雷特》的轰动效应，更使莎士比亚登上了艺术的顶峰。

可以说，莎士比亚是在寻找兴趣、延续兴趣，并且发展自己的兴趣中成长的，他一生都在为自己的兴趣而努力，一生都在为兴趣而拼搏，最终也成就了自己的梦想。

从心理学的角度来说，当一个人在做与自己兴趣有关的事情、从事自己所喜爱的职业时，他的心情是愉悦的，态度是积极的，而且他也很有可能在自己感兴趣的领域里发挥最大的才能，创造出最佳的成绩。莎士比亚难道不是一个成功的例子吗？不可否认，一个人在事业上取得的成就大小与兴趣是有很大关系的。如果你做自己一直喜欢做的事，你的内心便会充满愉悦与快乐。因为做自己喜欢的事才是幸福的，这样的幸福不用你做任何思想斗争，不用你去考虑任何不必要的琐碎事情，同时，它也不是你刻意追求的结果，因为它是自然而然的，与做事的过程相伴而生。

所以，千万不要逼迫自己去做不喜欢的事，把握好自己的兴趣，在该做出选择时不要犹豫，将你的精力消耗在你喜欢的事情上，你不仅会拥有很大的动力，同时会让你爱上你所做的事。也正因为这样，你在做事时会觉得得心应手、顺理成章、事半功倍。

把握前进的方向，努力才不会徒劳

方向不当势必牛头马面，选择失误肯定南辕北辙。

在坐标轴的原点，可以延伸出方向和距离这两个变量，它们的关系错综复杂，在读书时就让很多人费解。当我们一个个走出校门，站在社会的原点上时，在这新的坐标系上，映入眼帘更多的是一片迷雾，那隐约可见的星星点点的亮

光叫作机会，而它可以给予我们慰藉。

“一个人只有找到人生方向，才不会使自己迷失。”这句话我们常听到，针对这句话，有些人提出了这样的疑问：“什么是人生方向”“我该如何设定人生方向”，也有些人会发出这样的感叹：“究竟离成功还有多远”“方向与距离孰重孰轻”。

其实，这些问题的答案很简单，其中的道理大家也都再熟悉不过了，只是在生活中人们经常会处于迷茫的状态中，致使自己失去前进的方向。

有一次，在高尔夫球场，成功大师罗曼·V. 皮尔在草地边缘把球打进了杂草区。有一个青年刚好在那里清扫落叶，就和他一块儿找球，这时，那青年很犹豫地说：“皮尔先生，我想找个时间向你请教。”当皮尔问他有什么问题时，他说：“我也说不上来，只是想做一些事情，但不知道该往哪里用力。”“能够具体地说出你想做的事情吗？”皮尔问。“我自己也不太清楚。我很想做和现在不同、能激发自己全部潜力的事，但是不知道做什么才好。”他显得很困惑。

“原来如此，你想做某些事，但不知道做什么好，也不确定要在什么时候去做。更不知道自己最擅长或喜欢的事是什么。”听皮尔这样说，他有些不情愿地点头说：“我真是个没有用的人。”

“哪里。你只不过是没有把自己的想法加以整理，缺乏整体构想，缺少一个行动的方向。”皮尔建议他花两个星期的时间考虑自己的将来，并明确自己的目标，不妨用最简单的文字将它写下来。然后估计何时能顺利实现，得出结论后就写在卡片上，再来找自己。两个星期以后，那个青年显得有些迫不及待，至少精神上看来像完全变了一个人似的在皮尔面前出现。这次他带来明确而完整的构想，已经掌握了自己的目标和前进的方向，那就是要成为他现在工作的高尔夫球场的经理。现任经理5年后退休，所以他把达到目标的日期定在5年后。他在这5年的时间里确实学会了担任经理必备的学识和领导能力。经理的职务一旦空缺，没有一个人是他的竞争对手。

现在他的地位变得十分重要，成为公司不可缺少的人物。他过得十分幸福，非常满意自己的人生。

如果你仔细研究，你或许会发现大凡成功人士，都把明确人生方向作为自己努力的推动力。而成功的方法就是，必须明确自己的方向，一个脚印一个脚印地走。

事实证明，成功人士与平庸之辈最根本的差别，不在于天赋，也不在于机遇，而在于有无明确的人生方向。历史上无数成功的案例诠释了这一道理，林肯致力于解放黑奴，并因此而成为美国最伟大的总统；海伦·凯勒专注于写作，因此，尽管她双目失明、两耳失聪，但她还是创造了自己人生的辉煌；福烈兹专心于生产利润低微的小酵母饼，结果这种酵母饼行销全球。这些人的成功无不源于明确的人生方向。

曾经有人做过这样一个实验：组织三组人，让他们分别沿着10千米以外的三个村子步行。第一组的人不知道村庄的名字，也不知道路程有多远，只知道跟着向导走。

刚走了两三公里就有人叫苦，走了一半时有人几乎愤怒了，他们抱怨为什么要走这么远，走到一半时有人甚至坐在路边不愿走了，而越往后走他们的情绪也就越低落。

第二组的人知道村庄的名字和路段，但路边没有里程碑，他们只能凭经验估计行程时间和距离。走到一半的时候大多数人就想知道他们已经走了多远，比较有经验的人说："大概走了一半的路程。"于是大家又簇拥着向前走，当走到全程的四分之三时，大家情绪低落，觉得疲惫不堪，而路程似乎还很长，当有人说："快到了！"大家又振作起来加快了步伐。

第三组的人不仅知道村子的名字、路程，而且公路上每一公里就有一块里程碑，人们边走边看里程碑，每缩短一公里大家便有一小阵的快乐。行程中他们用歌声和笑声来消除疲劳，情绪一直很高涨，所以很快就到达了目的地。

当人们的行动有了明确的方向性，并且把自己的行动与目标不断加以对照，清楚地知道自己的行进速度与目标的距离时，行动的动机就会得到维持和加强，人就会自觉地克服一切困难，努力实现目标。

方向不当势必牛头马面，选择失误肯定南辕北辙。有了明确的人生方向，才会有希望，才能有梦想，也才能激发潜能，创造卓越的奇迹。

第6章 激发潜能，改变的力量就在心中

生活中，我们大部分人都希望能获得一股力量，这股力量能帮助自己达到自己想要的目标，能帮助自己获得成就，那么，我们去哪里寻找这样的力量呢？它又是什么呢？答案非常简单：我们的潜能，一直以来，人们都未曾或者是忽略了它的强大力量。只要找到并发挥出它的力量，那么地位、财富、健康、欢乐与幸福都会出现在你的生命里，你的人生从此也会绚丽。

努力，一切都会好起来

刚有点小小成绩就浅尝辄止、安于现状、不思进取的人不会做出什么大成就。一个有崇高目标、期望成就大业的人，总是不停地超越自我、拓宽思路、扩充知识。

生活在纷繁复杂的社会中，渴望一种世外桃源般的生活是许多人心中的一个梦想。但这种出世的态度在现今激烈的竞争中只能是一种空想。在财力平平、还处于打拼阶段时，把自己的心思从悠然与安逸中解放出来，积极地面对工作的竞争和生活的压力，让自己努力做得更好，这才是生活的意义和生存的价值。

如果你现在在一个平庸的职位上可以得到不错的待遇，并就此缺乏向更高职位努力的动力，那我们表示非常遗憾，因为你的进取心开始消磨了。其实，你有能力做得更好，甚至有能力自己创业，过上财务自由的生活。

现今社会，不断学习，获得新的知识是每一个人都需认真对待的事情，置身于这个信息高速发展的时代，你会深切地体会到“逆水行舟，不进则退”的道理。不断充实自己，努力做到更好，这才是竞争中处于优势地位的长久之道。

一天，一位企业家为一群商学院学生讲课。他现场做了演示，给学生们留下一生难以磨灭的印象。站在那些高智商、高学历的学生面前，他说：“我们来个小测验。”他拿出一个 1 升的广口瓶放在他面前的桌上。随后，他取出一堆拳头大小的石块，仔细地一块块放进玻璃瓶里。直到石块高出瓶口，再也放

不下了，他问道 :“瓶子满了吗？”所有学生应道 :“满了。”企业家反问 :“真的？”他伸手从桌下拿出一桶砾石，倒了一些进去，去填充玻璃瓶壁使砾石填满下面石块的间隙。“现在瓶子满了吗？”他第二次问。但这一次学生有些明白了，“可能还没有”，一位学生应声道。“很好！”企业家说。

他伸手从桌下拿出一桶沙子，开始慢慢倒进玻璃瓶。沙子填满了石块和砾石的所有间隙。他又一次问学生 :“瓶子满了吗？”“没满！”学生们大声说。他再一次说 :“很好。”

然后，他拿过一壶水倒进玻璃瓶，直到水面与瓶口持平。接下来企业家发问 :“你们明白了什么道理了吗？”同学们纷纷发言，最后，他笑着说道 :“你们的看法也是对的，但我认为这个演示说明的意思是，哪怕你工作得再好，但只要你继续努力的话，你完全可以做得更好！”

作为一个职员，如果你想迅速获得提升，就找一些同事啃不动的工作，去努力完成它。做好了，就容易超越那些资历比你高的职员。如果一个人做起事来总是精益求精，总是让别人惊喜，上司自然会注意到他，必要时自然会把他提拔到重要的位置。没有一个雇主不喜欢有上进心的下属，他们也在随时观察员工们的表现，你必须把经验、学识、智慧和创造力发挥得淋漓尽致，争取达到惊人的效果，为自己的发展创造条件，所以你没有理由不做得更好。

GOOGLE 中国区总裁李开复在攻读博士学位时，通过自己的努力，把语音识别系统的识别率从以前的 40% 提高到了 80%，学术界对他的工作给予了充分的肯定。当时，他的老师认为，只要把已有的结果加工好，写好论文，几个月之内他就可以拿到博士学位了。但是，李开复很清楚，第一步的成功给他提供的只是一个机遇，而不是一个答案，因为 80% 的识别率虽然已经很优秀了，但是绝不是最后的最佳结果。他已经公开发表了研究成果，每一个研究机构都会学习、使用他的方法，所以，如果李开复当时放松下来，不再做实验，埋头写论文以求尽快毕业的话，别的学校或公司很快就会超过他。

所以，李开复不但没有放松，反而更加抓紧时间研究攻关，甚至为此推迟了他的论文答辩时间。那时候，他每周要工作 7 天，每天工作 16 个小时。这些努力没有白费，它们让李开复的语音识别系统百尺竿头更进一步，识别率从 80% 提高到了 96%。在李开复毕业之后，这个系统多年蝉联全美语音识别系统评比的冠军。

如果李开复当时在 80% 的水平上止步不前、骄傲自满，不去精益求精完善它的话，他就不能取得今天的辉煌。年轻人拥有无限的精力，此时多付出一点时间，为了理想拼搏一下，努力一些，最终的成败姑且不提，至少在你暮霭之年时，不会后悔自己一生碌碌无为、平平庸庸。我们每个人都希望自己的生活能如想象中的一样完美，现实中的确有不少的人做到了，而这一切都是由他们自己创造的。

每个人都渴望自己走在通往成功的捷径上，但你可知道，这捷径除了努力之外，别无他路。在这个世界，天才并不多，比你强的人也并不多，成功者只不过是比普通人多了一份勤奋刻苦和坚持不懈而已，他们努力让自己做到更好，最终真的成就了卓越的人生。

瑕不掩瑜，发现自己的价值

也许你身上也存在某些缺点和不足，你是怎样看待它的呢？假使我们自比泥土，那我们就将真的成为被人践踏的泥土了。

每个人都有存在于社会上的价值，只是有些人认识到了这点，他们极力发

现自己的能力，挖掘自身的潜力，以致走在了普通人的前面，成了众人关注的卓越者。

发现自身的能力，实现自己的价值，往往从接受自己、自己瞧得起自己开始。认同自己的能力，并在行为上表现出一种与环境和他人积极互动的心理定式，你的发展空间就会越来越大。认识自己，发现自身的价值，你就能够愉悦地接纳自己，包括自己的某些缺陷，并能不断地进行自我激励，使自己的人生过得充实而有意义。

一位挑水的农夫，他有两个用了很久的水桶，分别吊在扁担的两头，其中一个桶子有裂缝，另一个则完好无缺。在每趟长途挑运之后，完好无缺的桶子总是能将满满一桶水从溪边送到主人家中，但是有裂缝的桶子到达主人家时却只剩下半桶水。

两年来，挑水的农夫就这样每天挑一桶半的水到主人家。当然，好桶子对自己能够送满整桶水感到很自豪。破桶子呢？对于自己的缺陷则非常羞愧，它为只能负起一半责任，感到非常难过。

饱尝了两年失败的苦楚，破桶子终于忍不住，在小溪旁对挑水的农夫说："我很惭愧，必须向你道歉。""为什么呢？"挑水的农夫问道："你为什么觉得惭愧？""过去两年，因为水从我这边一路漏，我只能送半桶水到你主人家，我的缺陷，使你做了全部的工作，却只收到一半的成果。"破桶子说。挑水的农夫替破桶子感到难过，他满有爱心地说："我们回主人家的路上，我要你留意路旁盛开的花朵。"

果真，他们走在山坡上，破桶子眼前一亮，看到缤纷的花朵，开满路的一旁，沐浴在温暖的阳光之下，这景象使它开心了很多！但是，走到小路的尽头，它又难受了，因为一半的水又在路上漏掉了！破桶子再次向挑水的农夫道歉。挑水的农夫温和地说："你有没有注意到小路两旁，只有你的那一边有花，好桶子的那一边却没有开花呢？我明白你有缺陷，因此我善加利用，在你那边的路旁撒了花种，每次我从溪边回来，你就替我一路浇了花！两年来，这些美丽的花朵装饰了主人的餐桌。如果你不是这个样子，主人的桌上也没有这么好看的花朵了！”

也许你身上也存在某些缺点和不足，你是怎样看待它的呢？在生活中，有许多人，特别是刚刚步入社会的青年，他们可能会由于自己在某方面不如别人，而轻易轻视自己。从而变得自卑和逃避竞争。真的是你不如别人吗？或许是你高看了别人，或者只能说你在某方面处于劣势地位罢了。一叶障目，不见泰山，这从来就是愚蠢的思维方式。就如田忌赛马一样，拿你的劣势和别人的优势比，你永远是失败者，而用你的强项与别人的弱项相比，你就会处于获胜者的位置，并取得成功的喜悦。被自己的劣势蒙住双眼，自己瞧不起自己，是个人对自己的不恰当的认识，是一种自卑的消极心理。一个自卑的人很难有自信，如同一个没有脊椎的动物，永远都不会站立起来。他们不会相信自己的判断，没有主见，对成功也没有期盼，因此做任何事情都不会付出自己的全部精力，没有排除艰难险阻的决心和毅力。那么，怎样才能从自卑的束缚下解脱出来呢？

常言道：“人贵有自知之明。”也就是说，对待自我要有一个全面的、正确的认识。笼统地说，就是分析自己的优点和缺点，以便在待人处世时能扬长避短，使自我的优势得到更好的发挥。这样慢慢就会形成一个良好的心态，继而充满自信，超越自卑。

发展自己的能力，把眼光从修补劣势转移到发展优势上来，一个人才容易看到自身存在的价值和巨大的潜力。

美国农业部的一位秘书威尔逊了解到副总统曾是一个小布匹商人。从一个小布匹商到副总统，为什么会发展得这么快？ 他带着这个问题拜访了莫尔。莫尔说：“我做布匹生意真的很成功。可有一天，我读了一本文学家爱默尔的书，

书中的一段话打动了我。书中是这样写的：‘一个人如果拥有一种人家需要的才能和特长，不管他处在什么环境，有一天终会被人发现。’”“这段话让我怦然心动，冥冥中我觉得自己应该向更大的空间发展。这使我想到了当时最重要的金融业。于是，我不顾别人反对，放弃布匹生意，改营银行，最终成为金融巨头。”

能够正视自己，看到自己价值的人，他们成长、成熟的脚步总是比别人迈得要大，就像莫尔一样，在年轻时锻炼了自己的能力，有了自身的优势，往前勇敢地跨出一步，就跨越了小商人和大总统之间的距离。莎士比亚曾经说过：“假使我们自比泥土，那我们就将真的成为被人践踏的泥土了。”还有：“没有自尊心的人，即等于自卑。”人活着都想追求幸福，所以你要相信，你生来就与众不同，身上所存有的每一个缺陷都是另外一种美丽，既然无法改变它，那么就勇敢地接受它，同时把眼光放在发掘自己的潜力上，每一个人都可以做最好的自己。

专注细节，做到完善和极致

做生活中的一个有心人，轻轻地对自己说：“再用心一点，再细致一点。”你会发现，你在经历着从 0 到 1 的质变。

每个人都有一颗追求完美的心，希望自己在工作和生活的各个方面都表现得尽善尽美。虽然说完美很难实现，但是可以无限接近的。每个人都懂得努力去追求理想，望着自己远在天边的梦想的背景一次次地暗下决心一定要做到。但其中真正小有成就者有几人？也许有些人会感觉困惑，努力了，也坚定了自己的理想，怎么总是处处碰壁呢？生活中有这样一种人，他们常常只专注于结果，一心一意，盯着结果却忽略过程，匆匆忙忙地，以自己想当然的方法去思考、做事，最后总是适得其反。你是不是属于这种人呢？芸芸众生能做大事的实在太少，多数人的多数情况总是只能做一些具体的事、琐碎的事、单调的事，也许过于平淡，也许鸡毛蒜皮，但这就是工作，是生活，是成就大事不可缺少的基础。我们必须改变心浮气躁、浅尝辄止的毛病。经济的快速发展，使得专业化程度越来越高，社会分工越来越细，这更要求我们要更加专注细节，精益求精。

石油大亨洛克菲勒的成功经历给予了许多人醍醐灌顶的启示。

年轻的洛克菲勒最初在石油公司工作时，既没有学历，又没有技术，被分配去检查石油罐盖有没有自动焊接好。这是整个公司最简单、枯燥的工序，同事戏称连 3 岁的孩子都能做。每天洛克菲勒看着焊接剂自动滴下，沿着罐盖转一圈，再看着焊接好的罐盖被传送带移走。半个月后，洛克菲勒忍无可忍，他找到主管申请改换其他工种，但被回绝了。无计可施的洛克菲勒只好重新回到焊接机旁，既然换不到更好的工作，那就先安下心来把这份工作干好算了。

接下来，洛克菲勒开始认真观察罐盖的焊接质量，并仔细研究焊接剂的滴速与滴量。他发现，当时每焊接好一个罐盖，焊接剂要滴落 39 滴，而经过周密计算，实际上只要 38 滴焊接剂就可以将罐盖完全焊接好。经过反复测试、实验，最后洛克菲勒终于研制出“38 滴型”焊接机，也就是说，用这种焊接机，每只罐盖比原先节约了一滴焊接剂。就这一滴焊接剂，一年下来却为公司节约出一大笔开支。公司也没想到还有人能在这个岗位做出这么大成就，年轻的洛克菲勒很快得到提拔，就此迈出日后走向成功的第一步，直到成为世界石油大王。

对于一向看似不用大脑，谁都能轻易完成的工作，洛克菲勒能够认真对待，在关注一点点细节的同时，发挥自己的才能，把一个简单的任务做到了极致。

在工作和生活中，那些追求完美的人，也许他们不具备出众的才华、振奋的激情，但他们一定拥有一颗关注细节、精益求精的心。他们心中有一座灯塔，

不管白天与黑夜，他们永远细心地追寻生活中的目标。

对于大多数人来说，顺其自然造就了他们的平庸无奇，粗心大意让他们时常功败垂成。为什么在可以选择更好的时候我们总是甘于平庸？为什么我们总是有理由纵容自己碌碌无为？也许有人会说做到 99 分就很不错了，何必再花大力气做到 100 分呢？西方流传的一首民谣可以对此做形象的说明。这首民谣说：丢失一个钉子，坏了一个蹄铁；坏了一个蹄铁，折了一匹战马；折了一匹战马，伤了一位骑士；伤了一位骑士，输了一场战斗；输了一场战斗，亡了一个帝国。

马蹄铁上一个钉子是否会丢失，本是初始条件十分微小的变化，但所谓“千里之堤，溃于蚁穴”，你把一切都做得很好，就留下这么一个瑕疵，可能最后要你命的就是这个瑕疵。如果一个运动员不专注细节、不追求完美的话，那么他不可能赢得金牌，能把金牌带回家的运动员必须超越其他人和已有的记录，不用上百分之百的劲儿哪能成功。不要总说别人对你的期望值比你对自己的期望值高。不要总是觉得自己的工作很不错，要经常让别人来评判你的工作是否让人满意，如果哪个人在你所做的工作中找到失误，那么你就不是完美的，你也不需要去找一些理由，还是回去再把工作做得更完美一点吧！

释放自己，别给人生设置条条框框

很多人被一些固有的、已习惯了的东西禁锢住的时候，就很难再有发展，而且还会慢慢倒退。如果这时还是衣食无忧，能够过上清淡的日子，恐怕就更难摆脱这种束缚，重振志向了。

人的思维具有潜在的力量，思维与观念，直接决定一个人未来的路能走出多少步。通常情况下，我们都渴望过那种无拘无束的生活，按照自己的设想，在舒适的环境中享受人生。但更多的时候，这只是理想状态，我们在人际关系的交织中，工作、生活、学习等的几点一线的穿梭中，把原本无拘无束的空间逐渐缩小，框起一块反复行走的天地。这是一个极为普遍和正常的行为规律，但值得一提的一点是，许多成功者和伟人在这个规律中保持着自己的志向，没有被框住思维和观念，他们仍可以充满动力地执着向前，走到另一个空间中去。

而那些意志不坚定、思想不成熟、思维无规律的人，多在人生无形的框框中原地踏步，少有大的成就。

每个人周围都存在着无形的框框，但由于人的思维、观念等变数的不同，有的人能够比较容易地从这个框住的空间中走出来，看到和体验到更为别样的、新颖的、流光溢彩的世界；但也有一部分人只能“安分守己”、一如从前地在原地打转，走不出这固定的区域，人生的精彩被框在这小小的区域中，更为可悲的则是框住了他们探索、求知、思考的头脑。

人长期被禁锢在特定的框架内，就会形成一种固定模式的习惯，在潜意识里面深深植根，影响我们做出合理的判断。下面这则故事很好地说明了这一点。

卡里做过实验，他将一只最凶猛的鲨鱼和一群热带鱼放在同一个池子，然后用强化玻璃隔开。最初，鲨鱼每天不断冲撞那块看不到的玻璃，奈何这只是徒劳，它始终不能到对面去，而实验人员每天都有放一些鲫鱼在池子里，所以鲨鱼也没缺少猎物，只是它仍想到对面去，每天仍是不断冲撞那块玻璃，它试了每个角落，每次都是用尽全力，但每次也总是弄得伤痕累累，有好几次都浑身破裂出血，持续了一段时间，每当玻璃一出现裂痕，实验人员马上加上一块更厚的玻璃。

后来，鲨鱼不再冲撞那块玻璃了，对那些斑斓的热带鱼也不再在意，好像

它们只是墙上会动的壁画，它开始等着每天固定会出现的鲫鱼，然后用它敏捷的本能进行狩猎，好像回到海中不可一世的凶狠霸气，但这一切只不过是假象罢了，实验到了最后的阶段，卡里将玻璃取走，但鲨鱼却没有反应，每天仍是在固定的区域游着，它不但对那些热带鱼视若无睹，甚至当那些鲫鱼逃到那边去，它就立刻放弃追逐，说什么也不愿再过去。

鲨鱼在四周被框住的情况下，无法捕捉到热带鱼，起初的挣扎和探索来自猎杀的天性，在反复行动后都得出同一结果的情况下，鲨鱼渐渐地失去了这种猎杀热带鱼的欲望，特别是在有鲫鱼作为食物、温饱不愁的情况下，鲨鱼似乎变得温顺而无大志了。鲨鱼在被框住一定的时期后况且如此，人是否也会这样呢？结果应该是肯定的。

人有时候也是这样，我们被一些固有的、已成习惯了的东西禁锢住的时候，就很难再有发展，而且还会慢慢倒退。如果这时还是衣食无忧，能够过上清闲的日子，恐怕就更难摆脱这种束缚，重振志向了。

人的一生充满着许多的不可预知性，有着多姿多彩的变化才能称其为绚烂的一生。正如《阿甘正传》里面所说：人生就像一盒巧克力，你永远不知道你会吃到什么口味。就这样慢慢地品尝，就这样慢慢地成熟，不要让无形的框框束缚自己的思维和观念，这样你才能取得非凡的成就和拥有精彩的人生。

钻石就在自家的后院

生活本没有把人分成三六九等，有些人自觉不自觉地自甘堕落，一步步和别人的差距越来越大。你要知道，一个再普通的东西，只要放在能人的手里，就能闪闪发光。

很多人总是以为富有价值的东西离自己很远，但他们极力追求时，却忘记西方的那句俗语，“钻石就在自家的后院”。

从前有一个铁匠，他的铁艺一般。然而，他却没有提高技艺的雄心壮志。他觉得铁块的最佳用途莫过于把它制成马掌，他为此自鸣得意。他认为这个粗铁块每磅只值两分钱，所以不值得花太多时间和精力去加工它，他这样简单的加工技术已经把这块铁的价值从 1 美元提高到 10 美元了。

有一个磨刀匠，他受过比铁匠更好的训练，有更好的技术和更高的眼光。他对铁匠说：“这就是你在那块铁里见到的一切吗？给我一块铁，看我能把它变成什么。”这个磨刀匠先把铁熔化掉，碳化成钢，然后取出来，经过锻冶、加热，然后投入到冷水中淬火，最后经过细致耐心的压磨抛光。当这项工作完成后，竟然把铁制成了价值更高的刀片，这让制马掌的铁匠惊讶万分。

然而，有一个工匠看了磨刀匠的出色成果后却说：“如果你做不出更好的产品，那么能做成刀片也已经相当不错了。但是这块铁的价值你连一半都还没挖掘出来，我知道它还有更好的用途。我研究过铁，知道它里面藏着什么，知道能用它做出什么来。”

这个工匠的技艺更精湛，眼光也非常独到，他受过专业的训练，有更高的技术和卓越的意志力。他能更深入地看到这块铁的分子——不再局限于马掌和刀片——他用显微镜般精确的双眼把生铁变成了最精致的绣花针。制作针头需要比磨刀匠有更精细的工序和更高超的技艺。

这位工匠认为他的成果已经使磨刀匠的产品的价值翻了数倍，他已经榨尽了这块铁的价值。但是，又来了一个技艺更高超的工匠，他的头脑更发达，手艺更精湛，更有耐心，受过顶级训练。他对马掌、刀片、绣花针看都没看，他竟然制作出了精细的钟表发条。但是，故事到这里还没有结束，又一个更出色

的工匠出现了。

他认为这块铁还没有物尽其用。他用他所拥有的神奇力量创造了更大的奇迹。在他眼里，即使钟表发条也称不上上乘之作，他知道用这种生铁可以制成一种弹性物质，而一般粗通冶金学的人是无能为力的。他知道，如果锻冶时再细心些，它就不再坚硬锋利，而会变成一种特殊的金属。他采用了许多精加工和细致锻冶的工序，成功地把他的产品变成了肉眼几乎看不见的精细的游丝线圈。经过一番艰辛劳苦之后，他梦想成真，把价值几美元的铁块变成了价值比同样重量的黄金还要昂贵得多的游丝线圈。

因为技艺不同，制造出来的东西就有了天壤之别。一块普通的铁，通过不同的加工方式，经不同人的手就具有不同的价值。可见，平平常常、普普通通的东西中往往蕴藏着巨大的价值。哪怕你处在平凡的环境中，手中拥有的资源匮乏，如果你是那位技艺最精湛的工匠，你同样能取得惊人的成就。

在现实生活中，有很多人，当他们在生活中遇到困难时，或屡屡失意时，总愿意把这一切的霉运归结于命运。事情干不好，生活不如意，这一切在他们的眼中变得理所当然，因为自己出身不好，就是这个命。虽然教育制度越来越发达，但迷信，特别是当人们面对一些无力改变的事情的时候，总愿意把自己本该勇敢承担起来的突破困境的责任辅以冠冕堂皇的借口，给自己的不求改变、不求上进找到若干个理由。这样，你拥有只会是最初出土的一块普通得不入别人眼的铁块，它的价值因你的不求“提炼”“升华”而越来越低。“适者生存，不适者则被淘汰”，这是自然规律，世上的事物时时刻刻都在发生着改变。

人活在世上的任务首先是改变自己，进而改变世界。改变自己就要学会挖掘自己，就要学会接受新事物，因为每个人都有着无限的潜能等待开发，只可惜，我们往往限制住自己的心态，在生活无奈的选择中，让自己不得不做一块平凡的铁。只有让自己变得更好，让心走在脚的前面，你的收获才会更多。

转换思维，思路决定出路

在任何特定的环境中，人们还有另一种最后的自由，就是选择自己的态度。

在你周围的朋友圈子里，是不是成功者寥寥无几、乏善可陈，而平庸者却星罗密布、遍地都是呢？如果你用心观察，你会很容易发现这两类人之间的差异，多在于做事的态度和思维的方法上的不同，有些人有思想，而且敢做，就简简单单地成功了；有些人有思想，但没有胆识，在犹犹豫豫间只有憧憬，从来没有实现的那一天。

观察你的朋友，你会发现，他们之中很少有没有想法、没有思想者，在谈到自己的追求时，都能说得天花乱坠。每当看到别人成功时，他们总抱怨自己生不逢时没有机会。“如果早出生十年，我一定能赶上改革开放初期下海潮，那时候机会太多了！没准现在已经是腰缠万贯的百万富翁了。”真是这样吗？

1492 年，发现了美洲大陆的哥伦布回到西班牙后，出席了一个盛大的欢庆宴会。席间，一位衣冠楚楚的绅士以挑衅的口吻说：“我看这事算不了什么，你只不过是坐船一直往西走，碰到了一块新大陆而已。任何人乘船一直西行，都会有这个发现的。”哥伦布不置可否地看了他一眼，从桌上拿起一个煮熟的鸡蛋，微笑着说：“你来试试，让鸡蛋的小头朝下立在桌子上。”绅士试了半天也没把鸡蛋立住。

哥伦布接过来，将鸡蛋的尖头朝下轻轻一磕，鸡蛋稳稳地立住了。绅士大叫起来：“你把鸡蛋弄破了，不能算！”哥伦布说：“你和我的差别正在这里，你不敢磕，我敢磕。你懂不破不立的道理吗？如果懂，为什么还缩手缩脚呢？”

可见，机会其实对每个人都是公平的，能不能抓住要看个人的思路、态度和能力了。这里有一个关于淘金的故事。

一天，有一个年轻人也想尾随别人去淘金。当他赶往淘金的路上时，遇到一条大河阻拦，然而河边又没有船，他该怎么办呢？年轻人突然灵机一动："别人都去淘金，我为什么不做一个送他们去淘金的人呢？"从此，别人去淘金，这个年轻人就用船送这些人过河。去淘金的人面对对岸黄金的诱惑，自然蜂拥而至。久而久之，这位年轻人也发迹了。其实，成功就是这样简单，除了拥有尝试的态度，勇敢地坚持，同时，如果你能积极地换个想法，避开竞争焦点的锋芒，你就能找到一条成就事业的捷径。

但是，说起来简单，做起来难，并不是每个人都能及时调整思维，准确地判断出潜在机遇的。态度是一种选择，你自己完全可做选择。

一位俄罗斯运动员和一位美国运动员曾同时参加铅球比赛。论实力，俄罗斯运动员要超过美国运动员。

比赛的前一天晚上，两个人先后到场地练球。美国运动员不管怎样也掷不了俄罗斯运动员那样远。她就干脆拿铅球在俄罗斯运动员最远的球痕前砸了两个坑，然后就去睡觉了。当俄罗斯运动员看到美国运动员的"纪录"后，大吃一惊，由于心理压力太大，整个晚上都没有睡好。

第二天正式比赛时，俄罗斯运动员的正常水平没有发挥出来，输给了美国运动员。

成功的要素其实就掌握在我们自己手中，成功是正确思考的结果。一个人能飞多高，是由他自己的态度所制约的。

成功人士始终用最积极的态度思考、最乐观的精神和最辉煌的经验支配与控制积极的人生。失败者刚好相反，他们的人生是受过去的种种失败与疑虑所引导和支配的。

足球场中有抢"第二落点"之说，在一般情况下，"第一落点"是有九成胜算的进攻位置，只要得手，极易进球，但是，也由于对方球员防守严密，进攻者总是无功而返；而“第二落点”由于少人跟防，往往会轻易取得战绩。

足球场如此，追求成功的路上也是如此。大家都在蜂拥而上抢“第一落点”时，谁能适时调转方向，找到不起眼的第二落点，谁就能掌握时代的脉搏。

每一个人的潜力都是无穷的，一旦你能静下心来，全心全意地做一件事，本身爆发的潜能自己也会吃惊，而死钻牛角尖只会将自己推进死胡同。重新调整成功的目标，尽管是痛苦的，但走出了第一步，再走第二步就顺畅多了。

第7章
在不如意的状况里，积极地改变自己

生活中，有不少人对于自己的现状并不满意，然而，当你问他们为什么不寻求改变时，他们总是为自己找很多借口，比如“来不及了”“年纪大了”等，而一些人则完全相反，因为他们深知只要有梦想，只要去做，何时都不晚。杰克·韦尔奇曾如此说道：如果你有一个梦想，或者决定做一件事，那么，就立刻行动起来；如果你只想不做，是不会有所收获的，而你也只会落得失望的结果。的确，一旦有了自己的梦想或者目标，就要立刻着手进行，不要拖延，不要想着以后，也没有什么来不及的，因为现在开始就是最好的时候。

取长补短，完善自我

人没有生来就成功的，再聪明的人也需要学习别人的长处，以弥补自己的不足。

人生道路上从头到尾都充满着竞争，善待自己的人绝不会甘心落于人后。他们懂得人与人之间层次的不同，多来源于知识储备的差异。在现实生活中，这一点明显地体现在学历上。在同一个单位里，高学历的人，多数拿着高薪，他们从事的工作，你一定不能干吗？答案并非是肯定的，但就是这一点点的差距，决定的不仅仅是你的金钱、地位，也许还会影响你的一生。

在竞争的每一个领域，把赢家和入围者区别开来的就是一些很小的差距，想一想那些二流人物的所得所失吧！他们只比一流人物差一点点，可是在享有的声誉和利益方面却相距甚远。

差距是不可避免的，但缩小差距，弥补差距，这一切都是有可能的。善待自己，弥补不足，这是在竞争中取得胜利的最简单的方法。

理查德·比尔是法国巴黎的一个铁匠，他和法国的其他铁匠一起凭借传统工艺的优势在铁器工艺品制造业中长期处于霸主地位。但是，英国的铁匠发明了一种“分裂法”新工艺，利用这种工艺制造出来的铁器工艺品更加美观，既具有现代工艺品的美感，又有传统工艺品的质感，成本也大大降低。这种铁器工艺技术一经出现，就动摇了比尔及其同行的霸主地位。一些法国传统铁器经

营商不得不放弃而改行经营其他产品，把自己的市场让给了英国人。但不服输的比尔决心掌握这种新工艺，与英国人比比高低。

比尔曾经带着手风琴走街串巷卖过艺。他又利用这一条件和经验假扮成流浪艺人巡游在欧洲大陆。德国、意大利、比利时、西班牙等各大城市都留下了他的足迹。所到之处，他虚心请教各地铁器行家们的工艺技术。比尔到了英国后，化装成铁器工匠，到处打工，没用多久就掌握了“分裂法”工艺。

之后，比尔回到法国，和朋友们一起经过多次试验，终于研制出了制作铁器工艺品的“分裂机”。这种“分裂机”制作的工艺品比手工制作的工艺品更加精密，也更加光洁、美观、耐用。比尔和他的同伴们终于又夺回了失去的市场，恢复了昔日的霸主地位。

在竞争中，失败者永远是那些不知道充实自己、不懂得不断成长的人。人没有生来就成功的，再聪明的人也需要学习别人的长处以弥补自己的不足。由于人的生活环境不一样，每个人的成长经历、思维习惯、看问题的角度各不相同，生活中处处有能人，处处都有学问。同一个工艺品，能人制作起来，往往比一般人更快、更好。这是因为能人更善于发现别人的长处，吸收别人的经验，让自己的技艺更加精湛。

吉米总是认为自己是个很聪明的人，可惜的是他一生都很平庸，最后也没能成就任何一件大事。而老觉得自己很笨的杰克却能认识到自己的缺陷，努力弥补自己的不足，发扬自己的特长，从各个方面不断地充实着自己，一点点地超越着自我，最终成就了非凡的业绩。

吉米为此心里很不平衡，以致郁郁而终。他的灵魂飞到了天堂后，质问上帝：“我的聪明才智远远超过杰克，我应该比他更有成就，应该是我成为人间的卓越者啊，可是为什么是他呢？”上帝笑了笑说：“可怜的吉米啊，难道你现在还不明白吗？我把每个人送到尘世间，每个人都背着一个竹篓，竹篓里都

放了同样的东西，包括聪明，只不过我把你的竹篓放在了胸前，你因为既能看到又能触摸到自己的聪明而沾沾自喜，不知道虚心向他人学习，不断充实自己，结果你的竹篓里面的东西只出不进，你也只能停留在那个人生高度，这是你自己造成的啊！而杰克的竹篓是背在背上的，他看不到自己的聪明，不把聪明当作资本，他总是在仰头看着前方，虚心地求教于每一个能够成为他老师的人，在取长补短、不断充实自己的过程中，他一生都在不自觉地迈步向前，不断地超越自我！”

取长补短是一种智慧，是从自己的不足出发，想方设法去赶上别人，甚至要超过别人，这种虚心的态度、进取的精神无疑是宝贵的。

人的成长，是一个不断发展自我、充实自我，使之成熟的过程。人生是一条奔腾不息的河流，永远不会停留在一个地方，也不会停留在某一阶段，它需要不断地超越，需要每一个人取长补短地充实自己，获得更多的知识、能力和资本，这才是善待自己的竞争法则。发现自我，找到发动引擎的钥匙。1 分钱和 20 元钱如果同时被扔进大海中，它们的价值就毫无区别。只有当你将它们捞起来，并按照正确的方式使用时，它们才会各自显现价值。曾经听过这样一个小笑话：据说在很久以前，一个老汉在自己家的农田里挖掘出大量的石油，在一夕之间成了百万富翁，穷苦了大半辈子的他，发财后马上买了一辆奔驰高级轿车。这辆车堪称当时款式最新、马力最强的车型，但老人没有驾驶过它，因为在这辆气派非凡的汽车前，老人安排了两匹马儿负责拉车，即使机械师再三保证汽车本身的引擎完全正常，但是老人却从没想过要用钥匙激活引擎！

老人的愚笨看似可笑，其实就是现实生活中某些人处事的缩影。生活中，许多人都犯过相同的错误，他们总是看着别人的成绩而自叹不如，同时又怨声载道地抱怨别人靠的是家庭背景才迅速成功的。他们就像老汉一样，只知道车外那两匹马的力量，却不知道车内的引擎足足有 100 匹马力之强。如果你不能

发现自己的优势和价值，而总是看到自己的短处和不足，那么即使你像老汉那样拥有了一辆马力强劲的汽车，你也不懂得怎样用钥匙发动它。

《圣经》中有个关于才能的故事，大意是说上帝曾经分别给了三个人几种才能，不过第一个人只有 1 种才能，第二个人有 3 种，第三个人有 5 种。一段时间之后，上帝突然问起他们在此期间都做了些什么事情。第三个人回答说："我利用 5 种才能努力工作，结果却因此具备了 10 种才能。"上帝听完之后，很高兴地夸奖他："你做得很好！由于你善于利用才能，因此我将赋予你更多的才能。"

第二个人也同样地增加了自己的才能，但是第一个人却抱怨说："主啊！你给了别人很多才能，却只给我一种，真是不公平啊！我知道你是既严厉又残忍的主，所以我把你给我的才能给埋葬了。"上帝闻言后，很生气地说："你真是又懒又坏！"随后便取走了他的才能，转而恩赐给其他两个人。

每个人生来都不是完美的，都会有不足之处，同时，每个人又都是一座宝藏，所不同的是，有些人在年轻力壮时就开始挖掘自己，以至于让自己快速地蜕变，显现出耀阳的光芒。而有些人从一开始就浑浑噩噩地过日子，他们虽然也有着自己的梦想，但他们的脚步从来都没有离开过温暖的床榻。待到年老时，看到那些出外闯荡的人都衣锦还乡，再想挖掘自己、闯荡世界，已经有心而无力了。

其实，每个人身上都存在未被开发过的领域，若你消极地认为"天生就是如此"，那说明你对自己缺乏正确的认识，就像小河觉得自己只是流动的液体，却没发现自己也可以是飘浮在空中的水汽。挖掘自己的潜力，你就能够有所突破，而这种改变的勇气，也是成功者必须具备的特质之一。

从前，美国有个相貌极丑的人，走在街上行人都要对他多看一眼。他从不修饰，到死都不在乎衣着。甚至已经担任高职，举止仍是田间农夫的样子，仍然不穿外衣就去开门，不戴手套就去歌剧院，讲不得体的笑话，往往在公众场合会忽然忧郁起来，不言不语。无论在什么地方——法院、讲坛、国会、农庄，甚至于他自己家里，他处处都显得难以相容。他不但出身贫贱，而且身世蒙羞，是个私生子，他一生都对这个缺点非常敏感。没人出身比他更低，但却没人比他成就更高。他就是后来的美国大总统——林肯。

一个人有这么多的弱点而不去弥补，他怎么取得非凡的成就呢？对于林肯来说，他并不是用每一个长处抵每一个短处来求补偿，而是凭借伟大的睿智与情操，使自己凌驾于一切短处之上，置身于更高的境界。他只在一个方面，就是教育方面，直接弥补了自己的不足。他拼命自修来克服早期的障碍。他在烛光、灯光和火光前读书，读得眼球在眼眶里越陷越深。他填写国会议员履历表，在“教育”这个项目下填的是“有缺点”。

发现自己，从自身的某一点进行突破，命运的闸门才会最终被你捅破，生命之水才能在梦想的河渠里尽情流淌。毕淑敏说：“如果把人间比作原野，每个人都是这片原野上生长着的茂盛植物，这种植物会开出美丽的三色花：一瓣是黄色的，代表我们的身体；一瓣是红色的，代表我们的心理；还有一瓣是蓝色的，代表我们的社会功能。”如果想让这朵三色花开得更为艳丽，常开不谢，你就需要不断地给自己浇水、施肥，发觉自身的生长特点和最适宜生存的环境。人生的灿烂不仅仅需要外界的阳光，更多的需要你发现自己。

点燃激情，挖掘你的潜力

一张报纸，一杯茶，吃饱了混天黑的人，有人觉得他们过得很惬意，无比

向往过这种生活，而有的人认为其在“坐着等死”。且不说工作自身的清闲程度，处于一个工作岗位上，真的会什么事情都没有吗？如果你觉得自己的工作就该“清闲”，你在这种工作氛围中已经懒惰了，那无疑说明现在的你没有给工作打一针激情的强心剂。

比尔·盖茨有句名言：“每天早晨醒来，一想到所从事的工作和所开发的技术将会给人类生活带来巨大影响和变化，我就会无比兴奋和激动。”他对于成就事业有着独特的见解，他认为成功者最重要的素质是对工作的激情，而不是能力。抱着这样的心态，让积极提升一点，每个人的生活和工作都会有很大的突破。

拿破仑·希尔是成功学专家，他的《思考致富》一书成为流传不朽的经典。他之所以取得辉煌的成就，和他工作的激情是分不开的。

卡耐基曾说：岁月使你皮肤起皱；但是失去了激情，就损伤了灵魂。可见，激情与人的成长之间的内在联系。“智慧的最大成就，也许要归功于激情。”沃韦纳戈的这句话更是精辟地阐释了激情与人发展的关系。智慧依靠激情才能发挥它的最大效用，换句话说，整个大脑的开发和运转，激情就是它的催化剂。

激情是一种意识状态，能够鼓舞及激励一个人对自己的事业和工作采取行动。拥有激情的人，在自己的信念与目标面前，在重重困难挡路之时，激情让人执着行动，勇敢拼搏。

2006年的一个普通的清晨，在河南省郑州市西工房小区里，31岁的陈磊早早醒来，年迈的母亲帮他打开电脑，上了“十字绣”论坛的QQ群后，很多网友热情地和他打招呼。

这些网友也许并不知道，这个性格温和、网名为“眼镜”的年轻人，正躺在床上，用仅可移动的两根手指的关节和他们聊天。

网友们也许更不知道，“快乐坊”论坛的这个创始者，是一位疾病缠身20年、全身几乎不能动弹，只能僵直地躺在病床上的一个人——他甚至不能用手指敲击键盘。

陈磊全身只有肘、腕关节能活动，此外，两根手指可以稍微弯曲，整个人就像被冰封住一样。虽然身体残疾，但他对网络尤为痴迷，并把全部的激情都投入了进去。

他与电脑的距离是1.5米，这样中间可以放下椅凳，方便母亲照顾他。每天，他就是通过台灯改造的镜子反射，来浏览网页。但他建立的“快乐坊”网站，每天流量在2万左右。在“十字绣”领域，这是大流量的网站之一。靠着这个平台，31岁的郑州青年陈磊自强自立，在艰难的人生路途中，成就自己的梦想。

对生活的激情，使得陈磊这样一个残疾人为了改造自己的生活，不懈地努力拼搏，最终成就了自己的一番事业。作为正常人的我们，能够利用自己对事业的激情，成就自己的人生吗？答案是肯定的。只需要你重视调动自己的激情，让自己为了明确且明智的目标，开足马力，勇往直前。

爱默生说过：“有史以来，没有任何一件伟大的事业不是因为激情而成功的。”只要抱着这种态度，任何人都有可能成功，都有可能达到目标。

开启智慧的大脑，发现成功的契机

思考既可以作为武器摧毁自己，也能作为利器，开创一片充满智慧、无限快乐的人生新天地。

报刊亭在我们的日常生活中随处可见，很多人把它看作小本经营，只为糊口。每天坐等顾客上门。而卡里比则与他们不同，在经营中他发现，很多人对

高档杂志有大量的阅读需求，但往往因为动辄几十元的零售价格望而却步。于是，他自创了1套崭新的经营模式，发展会员制将杂志租给客户，每个客户每月交30元会费和20元押金，就可以不断租杂志回家看。

很快发展了几百名会员，测算下来他1个月能挣到8000元，收入水平远远超过同行。

善于发现，勤于思考，结果就会如卡里比一样，在简单的工作岗位上做出出色的业绩，使得自己尽快起步，起飞。

《百万英镑》是马克·吐温著名的小说作品，也许你也品读过它，但你却不一定上过网站百万美元主页。它不卖小说，也不卖电影，而是一个既像棋盘又像拼图的网址大全。网站首页被划分成1万个格子。只需花100美元买下其中一格，全世界就都可以通过点击它找到你的网页。建这个网站只花了英国学生亚历克斯·图10分钟的时间，但迄今为止它已为他赚下近百万美元。

亚历克斯是家里四兄弟中最小的一个。一年暑假，高中毕业的亚历克斯在为大学学费发愁，但又不想向银行贷款。整整一个夏天，他天天冥思苦想如何赚钱。8月26日深夜，一个点子突然蹦入亚历克斯脑海。

亚历克斯在互联网上花10分钟建立了一个网站，起名为“百万美元主页”。他将主页划分为1万个小格，每个格子的大小为10乘以10像素，售价100美元。买家可以在自己买下的格子中放上任何东西，包括自己网站的图标、名字或网址链接。

起初，亚历克斯并未对此抱太大希望。虽然网站号称“百万美元”，但他认为能卖出百分之一、百分之二的格子就不错了。不料，这个网站出炉后竟异常受欢迎。订单源源不断而来，平均每天有40个格子被人买走。

截至这一年12月26日，这一成本仅50英镑的网站已为亚历克斯带来90多万美元。换句话说，1万个格子已成功售出9000余个。离“百万美元”的终极目标已非常接近。有网友调侃说，如今非但亚历克斯自己不用再为学费发愁，连他下一代的学费都赚足了。“百万美元主页”如今已声名远播。每天亚历克斯能收到几千封电子邮件。包括中国在内，已有26个国家的媒体采访过他。

靠卖“格子”变成百万富翁，听来像神话，但在这个网络经济时代，却被亚历克斯变成了现实。自从IT巨人比尔·盖茨获得成功后，网上淘金的热潮就从未中断过。在中国，李想等靠网络发家致富的名字也越来越多。他们除了对计算机、网络等方面的知识非常精湛之外，另一个共同之处就是善于思考，并能够发现机遇。

生活中有这样一种人，他们总是在看到别人成功之后，悔恨自己当初没有想到这个点子，而让财富与自己擦身而过。一次又一次，从来都是只有悔恨，而没有抓住机遇后的欣喜。究其原因，事后诸葛亮谁都会当，而在事情开始时就像诸葛亮一样善于谋划，善于思考的人却星星点点。如今当越来越多的人知道“百万美元主页”后，简单的模仿者层出不穷，其中获利者寥寥无几，而有个人则受到它的启发，借助自己的思考和“百万美元主页”的优势，又一次创造了一个白手起家的奇迹。

当我们点击进入“百万美元主页”，眼前就出现了一张“彩色地图”。从电影下载到人才招聘，从廉价CD到疾病治疗，从乐器吧到礼品铺，从租赁广告到个人博客，各种网站应有尽有。只有成人网站被拒之门外。

好创意往往能催生新点子。有一个人在登录这个主页几次后，突发奇想，借“百万美元主页”的点击率想出了一个赚钱新招。在主页中下方，一个格子里赫然出现美国已故影星玛莉莲·梦露的面容。

原来这是个“世界名人堂”网站的链接。该网站首页有一个600×450像素大小的“相框”，一旁附有说明：任何想要“出名”的人都可租用这个相框，上传“尊容”以及网站链接以供全世界“瞻仰”。费用为每分钟1美元，15

分钟起租。

广告词这样写道：“人人都能扬名世界！……我们已为您在世界著名网站‘百万美元主页’上占据一席之地，保证全世界的人都能看到您的脸……在您展露于历史中的这段时间里，数以千计的人会点击玛莉莲（的图片），然后就被链接到我们的网页，而您就在那里。”很多人都曾憧憬过自己有一夜暴富的一天，很多人的想法和头脑都用在了憧憬过程中的描绘、想象上，到了现实生活中，思想仍很陈旧，思维局限于固定的框框中。人活着就要不断思考，因为我们可以用思考来改变现实状况，当我们一无所有只剩一颗脑袋时，同样可以开创属于自己的人生。

一家饭店生意火爆，原因之一是推出了一项别人没有的简单优惠。这家饭店规定，等候 20 分钟以上的顾客可以全单打 8 折，等候 10 分钟地可以打 9 折，而在晚上 6 点半以前离开饭店地客人也可以打 8 折。如此一来，餐桌翻台率大大提高，愿意等的人数量也大大增加，小小的折扣杠杆为这家店撬动了更大的市场。

唯有积极成长，方可打开新的人生局面

一个人无论在顺境还是在逆境中，不断地自我完善和充电是其能够给生活、事业打开新局面的绝佳方法。

一个人的成长，是伴随他一生的。即使是身体技能开始衰竭的时候，对大脑的投资，也不应停止。我们的生活就像一辆不断提速的火车，飞快地向前行驶，而根据牛顿经典力学第一定律的原理，坐在车中的我们，如果不同步提

高自己的速度，在某个大转弯处，就会在惯性的作用下狠狠向后退，甚至被甩下。当你被甩下之后，你才会发现自己的知识结构已经跟不上时代的发展，那时再想弥补，但迫于生活的压力，困难将比现在逐渐给自己充电要大得多。

现实生活中，生活的压力有多大，竞争到底意味着什么，出入职场的年轻人也许认识不清，但有几年工作经验的朋友则会对压力与竞争深有感触。有这样一则流传于职场中的故事：夜幕下的草原上，一头狮子在沉思，当明天的太阳升起，我要拼命地奔跑，追上跑得最快的那只羚羊。与此同时，一只羚羊也在思考，当明天的太阳升起，我要拼命地奔跑，逃脱跑得最快的那只狮子的追赶。

在目前这个经济社会下，一旦投身其中，无论你是狮子或是羚羊，当太阳升起，你要做的，就是奔跑。每个人都有一定程度的危机感，而消除这种危机感的唯一途径就是提高自身的文化素质。

吴孟达是如今香港影坛大腕级的喜剧演员，他最初入行完全是为了养家糊口，把演戏当作一个纯粹的工作，从来不知道表演是什么。而演艺圈是个浮躁的地方，他在出演了一些角色后，收入渐渐好起来便开始敷衍了事，机械地说台词、走位，收工后就同一帮朋友去通宵喝酒。久而久之，恶性循环，每天拍戏也会迟到，加上他的演出，用导演的话说完全没有灵魂，也就是没有个人特色和内涵，慢慢地，没有人再找他演戏，他的事业步入低谷，遭遇人生的滑铁卢，日常生活都变得窘迫起来。

可就是在这段最灰暗的岁月里，他开始重新审视自己和自己的职业，开始看表演方面的书籍，揣摩笑有多少种笑，哭有多少种哭。终于，当他再次有了演出机会，他的厚积薄发，终于没有辜负他的付出，在电影《天若有情》里饰演了一个起先唯唯诺诺，后来反戈一击的小混混，搞笑而悲凉。他一鸣惊人，夺得了当年香港金像奖最佳男配角奖。同样，在早期的港台电视剧、电影中，

今天的喜剧巨星周星驰常常是一个御用龙套，他从跑龙套起家，后来成为香港最善于捧红龙套的导演，而亚洲最好的“龙套”传记片就是他的《喜剧之王》。十多年前，吴孟达和周星驰结识，两人年龄差一轮，但一样郁郁不得志，当时两人都比较落魄，住处又只隔一条马路，因此常常聚在一起探讨剧本。吴孟达说：“我们住的地方之间有一家美国餐厅，24小时营业，当年接到《他来自江湖》的剧本，我们就常到那里坐在一起研究台词、研究表演。”正是在这样的不断钻研中，最后两人都形成了一种独特的“无厘头”表演，周星驰更成为一代喜剧大师。

从周星驰与吴孟达的成名经历中，我们不难体会为自己的事业不断奋斗的精神，更为重要的是，他们及时地认识到自己在表演上的不足，积极地看书学习，相互交流，在充实大脑、充实知识的过程中，水到渠成地走向了他们事业的巅峰。

因此，我们要相信，一个人无论在顺境还是在逆境中，不断地自我完善和充电是一个能够给生活、事业打开新局面的绝佳方法。行动起来吧，还等什么，每当你多学会一样技能，多提高一种能力，就朝成功的金字塔更上了一步。

戒除拖延症，学会马上行动

有了目标后，最重要的就是放弃任何借口，立刻将它付诸实施，并且坚持到底。

有人说自己是一座宝藏，挖掘得越深，获得的越多。也有人说，自己是一匹奔腾的野马，重要的不是学会怎样提速，而是控制自己。

人有各种各样的优缺点，也有一种惰性，这种惰性经常导致计划落空。人在计划落空时又很容易形成新的计划，新计划其实是旧计划的翻版。结果就是，一项计划翻来覆去总没有结果。这是十分悲哀的事情。成就一番事业必须雷厉风行，要有一种魄力，说干就干，一点也不拖延。这是成就事业的一种品格。

拖延是一种坏习惯，它会让人在不知不觉中丧失进取心，阻碍计划的实施。一个人如果进入拖延状态就会像一台受到病毒攻击的计算机，效率极低。拖延最常见的表现就是寻找借口。虽然目标已经确立了，却磨磨蹭蹭，像个生病的羔羊，没有一点精神。不论什么时候，他总能找到拖延的理由，计划当然就会一拖再拖，成功遥遥无期。

你是否有这样的表现呢？今天的事拖到明天做，6点钟起床拖到7点再起，上午该打的电话等到下午再打，每天要写的文章攒到最后时刻写，今天要洗的衣服拖到明天再洗，这个月该拜访的朋友拖到下个月。

对于一个公司来说，很有可能会因为拖延而损失惨重。

1989年3月24日，埃克森公司的一艘巨型油轮触礁，大量原油泄漏，给生态环境造成了巨大破坏。

但埃克森公司却迟迟没有做出外界期待的反应，以致引发了一场“反埃克森运动”，甚至惊动了当时的布什总统。最后，埃克森公司总损失达几亿美元，形象严重受损。

对一个渴望成功的人来说，拖延将成为制约他取得成功的桎梏。在公司没有一个老板喜欢有拖延习惯的员工，在家里没有一个妻子喜欢有拖延习惯的丈夫。

社会学家卢因曾经提出一个概念，叫“力量分析”。他描述了两种力量：阻力和动力。他说，有些人一生都踩着刹车前进，如被拖延、害怕和消极的想法捆住手脚；有的人则是一直踩着油门呼啸前进，如始终保持积极、合理和自

信的心态。

人生不应该停留在等和靠上，成功不会像买彩票那样充满侥幸，唯一需要的应该是制订计划并立即执行。不等不靠，现在就去做，表现出来的是一个成功人士应有的精神风貌。如果你是因为没有信心才迟迟不敢行动的话，那么最好的消除障碍的办法就是立刻去做，用行动来证明你的能力，增强你的自信。

李大钊曾经说过：“凡事都要脚踏实地地去做，不弛于空想，不骛于虚声，而惟以求真的态度做踏实的功夫。以此态度求学，则真理可明。以此态度做事，则功业可就。”小说《根》的作者哈里说：“取得成功的唯一途径就是‘立刻行动’，努力工作，并且对自己的目标深信不疑。世上并没有什么神奇的魔法可以将你一举推上成功之巅，你必须有理想和信心，遇到艰难险阻必须设法克服它。”

哈里起初只是美国海岸警卫队的一名厨师。他从代同事写情书开始，爱上了写作。于是他给自己制订了用两三年的时间写一本长篇小说的目标。他立刻行动起来，每天不停地写作，从不停息。8 年以后，他终于在杂志上发表了自己的第一篇作品，字数仅有 600 字。他没有灰心，退休后，他仍然不停地写，稿费没有多少，欠款却越来越多。尽管如此，他仍然锲而不舍地写着。朋友们帮他介绍了一份工作，可他说：“我要做一个作家，我必须不停地写作。”又过了 4 年，小说《根》终于面世了，引起了巨大轰动，仅在美国就发行了 530 万册。小说还被改编成电视剧，观众超过 13000 万人。他因此获得了普利策奖，收入超过 500 万美元。

所以，有了目标后，最重要的就是放弃任何借口，立刻将它付诸实施，并且坚持到底。我们常说，千里之行始于足下，就是要求我们行动起来，把心中的梦想通过立刻行动变成美好的现实。如果只是因为自己有一个美好的梦想就

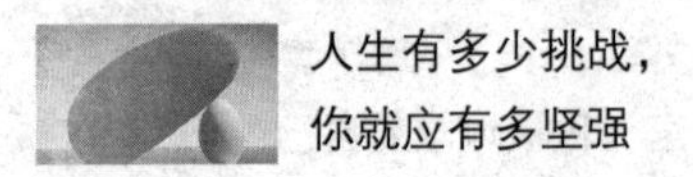

沾沾自喜，而忘记了行动的力量，那么无论天上的星星多么漂亮，你也不能够把它捧在手中；无论对岸的风景有多么诱人，你也不能够亲眼目睹；无论海中的贝壳有多么美丽，你也不能够把它挂在你的胸前。

管理时间，提高工作的效率

珍惜时间、提高效率，这句口号在各行各业高喊了很多年，但很多人在身体力行时却又很自然地随意荒废着时间，随后又是后悔、忏悔。其实，时间对于每一个人都是一样多的，只是有些人懂得利用每一小段时间去努力、去行动，积少成多，而不是只是抱怨忙，没有大块的时间干自己想干的事情。爱尔斯金就是这样一个善于管理时间、珍惜时间的典范。爱尔斯金是美国近代诗人、小说家，他对时间有着自己的认识，在谈及利用时间这个老生常谈的话题时，曾深有体会地说："当我在哥伦比亚大学教书的时候，我想兼从事创作。可是上课、看卷子、开会等事情把我白天、晚上的时间全占满了。差不多有两年我不曾动笔，我的借口是没有时间……后来，只要有5分钟左右的空闲时间，我就坐下来写作100字或短短的几行。出乎意料，在那个星期的终了，我竟积有相当数量的稿子准备修改。后来我用同样积少成多的方法，创作长篇小说。我的教授工作是一天比一天繁重，但是每天仍有许多可以利用的短短空闲。我同时还练习钢琴，发现每天小小的间歇时间，足够我从事创作与弹琴两项工作。"

改变你的时间观念，在认识时间就是金钱的基础上，合理利用你的时间，不放过每一小块时间，是你取得一番成就，成为成功者的捷径。对于现实工作

来说，利用短时间，就是要求你要把工作进行得迅速，如果只有 5 分钟的时间给你写作，你不可把 4 分钟消磨在咬你的铅笔尾巴上。思想上事前要有所准备，到工作时间届临的时候，立刻把心神集中在工作上，迅速集中脑力，并全力以赴地行动。

时间与效率往往是紧密联系在一起的，拥有较强的时间观念的人，在提高工作效率的前提下，他的成长步伐往往比别人迈得又大又快。

切斯特菲尔德说：“效率是做好工作的灵魂。”约・艾迪生说：“工作中最重要的是提高效率。”萧伯纳则说：“世界上只有两种物质：高效率和低效率；世界上只有两种人：高效率的人和低效率的人。”

有些人经常抱怨自己办事效率太低，经常被老板批评。为什么会这样呢？那些办事效率低的人并不是没有努力工作，而是因为他们没有树立正确的时间观念，没有掌握正确的方法。世界上做同一种工作的人不计其数，做同一种工作的方法更是数不胜数，其中不乏效率高的方法。

诺斯古德・帕金森是英国著名的历史学家，他在分析了为何“大型组织大而无当，毫无生气”时，指出：“事情增加是为了填满完成工作所剩的多余时间。”这个定律告诉我们，工作效率低，是因为我们给了这个工作太多的时间。

帕金森描述了一位老太太花了一整天时间，寄一张明信片给她侄女的过程：花 1 小时找那张明信片；花 1 小时找眼镜；花 30 分钟查地址；花 1.5 小时写明信片；用 20 分钟考虑寄信时要不要带伞。就这样，一个人只需花 3 分钟就能干完的事情，却让另一个人花了一整天时间才干完，并且犹豫不决，疲惫不堪。

帕金森得出结论：做一份工作所需要的资源，与工作本身并没有太大的关系，一件事情膨胀出来的重要性和复杂性，与完成这件事花的时间成正比。换句话说，给自己很多时间做一件事，不一定能提高工作的效率。时间多反而越容易使人懒散，缺乏动力，效率低。一个学生平均成绩一直较低，家长只好让他修学分最低的功课。儿童心理学家却建议这个学生多修一些课。结果出乎大家意料，这个学生多修课后，所有功课成绩不降反升。事实上，这个学生要做的就是打起精神，提高学习效率。

我们常说，观念决定思路，思路决定出路。转变自己的错误观念，优化自己的思维，你的干事效率就会有很大的提升。观念转、天地宽，观念的力量是无穷的。对待一件事情、一堆事情、一天的事情，甚至是更为长远的规划，能做到帕金森那样对利用时间、提高效率有如此清晰的认识，你的工作就取得了卓越的成效。

第 8 章
尽早立志，唯有目标让拼搏更有方向

我们都知道，梦想的实现并不是一蹴而就的，而是建立在阶段性的目标的基础上的，需要以奋斗为基石，所以我们需要制订目标和计划，有了计划和目标，我们的行动才有指引作用。就连那些指挥作战的军事家，他们在战斗打响前，也都会制订几套作战方案；企业家在产品投放市场前，也会制订营销计划做好一系列的市场营销计划。我们无论做什么也是如此，目标是实现最终成功的必由之路，否则，一切都是空谈，都是泡影，只有在清晰的目标的指引下，我们才能一步步朝着梦想迈进。

树立目标，不必担心太远

一个具有崇高理想和远大志向的人，毫无疑问会比一个根本没有目标的人更有作为。有句苏格兰谚语说：“扯住金制长袍的人，或许可以得到一只金袖子。”那些志存高远的人，所取得的成就必定远远离开起点。即使你的目标没有完全实现，你为之付出的努力本身也会让你受益终身。

人生志向也就是人生理想。我国古人是很重视志向的，诸葛亮在写给他外甥的一封信中说过：“夫志当存高远”，“若志不强毅，意不慷慨，徒碌碌滞于俗，默默束于情，永窜伏于凡庸，不免于下流矣”。意思是说，做人应该有远大的理想和志气，如果意志不坚强，心胸不开阔，整天忙于身边的生活琐事，受个人感情的支配和束缚，长期在庸俗的气氛中过日子，那就会成为一个平庸的人。北宋大文学家苏东坡说：“古之立大事者，不惟有超世之才，亦有坚忍不拔之志。”明代学者王阳明说：“志不立，天下无可成之事。”志向，就是人们立下的奋斗目标，以及为实现这一目标而下的决心。

年轻人的人生还没有定型，追求的目标越高，他自身的潜能就发挥得越充分，他的才能就发展得越快。人之伟大或渺小都决定于他的志向。伟大的毅力只为伟大的目标而产生。坚韧不拔地为事业而奋斗，是成功人士特有的气质。自古以来人们把这种精神称之为“气”，没有“气”就不能成功。

海拔 1000 多米的山在浙北已算是高山了。高山上有 20 多个孩子，他们在

一所破旧的学校里读书，过着与世隔绝似的生活。

老师倒是山下来的，在大城市里读过书，第一次住宿在学校，他失眠了一晚上，山上的风太大，山上的生活太苦。这里的境况要比他以前想象的更艰苦。

上第一堂课，老师看到几位浑身湿漉漉的孩子。他问：“一大早是不是打水仗了？”

那几个孩子低着头不敢说话。

一个扎着辫子的女孩站起来指指窗外的一片远山说：“他们从深山里来，是路上杂草上露珠打湿的。”

老师把目光投向窗外，那里是一片黑黝黝的去处，一条似隐似现的羊肠小道穿行在群山之中。

老师问：“你们需要走多长时间？”

一个孩子说：“两个多小时。”

老师第一次知道一个孩子上一次学的代价，这个代价即便是成年人也是较难承受的。老师很感动，但也很绝望。因为孩子的见识和海拔成反比，他们对山下的那个世界几乎一无所知。

他问这20多个孩子，最大的理想是什么？

最大的理想、也是最体面的理想是那个扎辫子的女孩说的，她说要当村里的会计。更多的孩子说他们长大了要学会在自家的毛竹上刻上父亲的名字，以防别人盗砍他们家的毛竹。

后来，老师有了一台二手的笔记本电脑，可以通过村里唯一的一条电话连接互联网。那次教学设在村长家里，围观的大人比学生还多。

他给孩子们讲外面的世界，讲肯德基和麦当劳，讲杭州和上海，讲通过一台电脑可以连接世界的精彩。

那个扎辫子的女孩的理想开始有了转变，她说将来要下山当会计。而一个住在深山中的孩子对他说，他以后要当个乡长那样的官，要拿出一笔钱修一条通向山下的公路。

老师在山上待了一年便走了。他说自己只能改变孩子们这么多，他希望后来的老师不要把孩子的志向变小，希望那个女孩有一天说自己想到大公司当白领，那个深山中的孩子说想当省长。

他说这些孩子也许永远走不出大山，但是必须垫高孩子们的理想高度。这样，他们在将来才会充分发挥自己的潜能。

志向越大，成就越高。越是卓越的人生越是志向的产物。可以说，志向越高，人生就越丰富，达成的成就越卓绝。志向越低，人生的可塑性越差。也就是惯常说的："期望值越高，达成期望的可能性越大。"

一个人的志向中必须含有某种能激励你自我拓展、自我要求的要素，这些要素会不断帮助你成长、改变和进步。

美国潜能成功学大师安东尼·罗宾说；"如果你是个业务员，赚 1 万美元容易，还是 10 万美元容易？告诉你，是 10 万美元！为什么呢？如果你的目标是赚 1 万美元，那么你的打算不过是能糊口便成了；如果这就是你的目标与你工作的原因，请问你工作时会兴奋有劲吗？你会热情洋溢吗？"

从前有两个人，他们都想到远方去，一个人想到日本，一个人想到美洲。他们同时从蓬莱出海，结果两人都没有到达目的地。但想到美洲去的人到达了日本，而想到日本去的人只到了朝鲜半岛。

中国古人早就说过："取法上者得乎中，取法中者得乎下，取法下者得乎无。"

那些志向远大、敢于想象的人，所取得的成就必定是远远超出起点；一个理想高、目标大的人，即使做起来没有实现最终的理想和目标，但其实际达到的目标，都要比理想低、目标小的人最终达到的目标还要大。

一个人在年轻时，正是敢想敢做的时候，如果这时候你还没有树立起远大的目标，等你的人生基本定型后再立志碰到的压力与阻力会更大。因此，把你的志向和目标提升起来。它不应该退缩在一个不恰当的位置。接受志向的牵引吧！

理想不是妄想和幻想，目标要切实可行

梦想是浪漫主义的，而成功则是现实主义的。我们需要梦想的指引，但具体的行动方案应该是：我目前拥有什么，我从哪里做起才能让自己的生活发生一些正面的变化。

哲人说过，“梦想指引我们飞升”。我们都知道梦想里隐藏着无限的积极力量，但对于如何把梦想变为现实，年轻人常有种抓不到重点的感觉。梦想是浪漫主义的，而成功则是现实主义的，你制订了目标，并不等于已经实现了目标，还必须憋足了劲，一步一步做下去。其实实现目标的方法极为简单，从现在开始，从你目前的学业和工作出发，完成你的原始积累。

决心获得成功的人都知道，进步是一点一滴不断地努力得来的。例如，房屋是由一砖一瓦堆砌成的，篮球比赛的最后胜利是由一次一次的得分累积而成的，商店的繁荣也是靠着一个一个的顾客在不停的购物过程中形成的，所以每一个重大的成就都是一系列的小成就累积成的。“继续走完下一里路”的原则不仅对别人很有用，当然对你也很有用。对年轻人来讲，不管被指派的工作多么不重要，都应该看成“使自己向前跨一步”的好机会。推销员每促成一笔交易，就为迈向更高的管理职位积累了条件。教授每一次的演讲，科学家每一次的实

验，都是向前跨一步、更上一层楼的好机会。

有时某些人看似一夜成名，但是如果你仔细看看他们过去的历史，就知道他们的成功并不是偶然得来的，他们早已投入无数心血，打好坚固的基础了。那些暴起暴落的人物，声名来得快，去得也快。他们的成功往往只是昙花一现而已，他们并没有深厚的根基与雄厚的实力。

理想不同于妄想和幻想，目标要切实可行，行动要脚踏实地。这样，你离你的梦想就不远了。

美国汽车工业巨头福特曾经特别欣赏一位年轻人的才能，他想帮助这个年轻人实现自己的梦想。可这位年轻人的梦想却把福特吓了一跳：他一生最大的愿望就是赚到10000亿美元——超过福特现有财产的100倍。

福特问他："你要那么多钱做什么？"

年轻人迟疑了一会儿，说："老实讲，我也不知道，但我觉着只有那样才算是成功。"

福特说："一个人果真拥有那么多钱，将会威胁整个世界，我看你还是先别考虑这件事吧。"

5年后的一天，年轻人告诉福特，他想创办一所大学，他已经有了10万美元，但还缺少10万美元。福特这时开始帮助他，他再没有提过那10000亿美元的事。

经过8年的努力，年轻人成功了，他就是著名的伊利诺斯大学的创始人本·伊利诺斯。

要赚够10000亿美元的梦想，已经到了狂想的地步，这样的目标，只能让茫然的人更加茫然。我们关于梦想的勾勒应该是这样的：我目前拥有什么，我从哪里做起才能让自己的生活发生一些正面的变化。

当你逐渐长大之后，你会开始思考你的人生该何去何从。

但是，你的某些梦想会成真，其他的会渐渐消失或改变，更有些会在你的

眼前粉碎。在你的人生中，你可能必须放弃一两个梦想。可是你这么做的时候，其他的机会又会展现在你面前。

在很小的时候，约翰便梦想成为一位名作家。妻子对他的信心令他十分陶醉。妻子白天做秘书，晚上做裁缝师来维持日常生活，而约翰则夜以继日地创作他的第一本诗集。

约翰倾尽全力，全心全意从事写作，等到完成时感到非常的自豪。他本想向全世界描述自己内心深处的梦想、希望和欲望，却发觉这个世界对之嗤之以鼻。他被退稿 12 次之后早就完全麻痹了；等到被拒绝了 24 次时，他坐在后院凉亭，重新评估人生目标的优先次序。

约翰开始想到妻子想要住在一栋红砖屋的梦想。以当时的财务状况而言，他们似乎永远达不到这个梦想。还好，后来约翰在一个广告公司内担任一个职位，他们竭尽所能节省每一分钱，不久便足够建筑他们的家园。

从某种意义上说，约翰放弃了成为诗人的梦想的机会，而迁就于另一个比较小的梦。然而，每当他亲眼看到妻子坐在门廊里缝制衣服，向邻居挥手致意时，他就觉得成为诗人未必就是个值得追求的伟大梦想。

约翰的经历告诉我们，当现实与梦想存在巨大的距离的时候，你应当保留梦想，服从于现实。许多年轻人都常犯同样的错误，对生活提供的巨大的财富，只能收获到一点点。尽管未知的财富就近在眼前，他们却得之甚少，因为他们只一心盯着梦想的气球，对身边的果子却视而不见。

务实的人都会为自己树立一个能够实现的目标。他们都知道，如果把目标订得过高，不但会使自己无法脚踏实地地工作，而且也发挥不出目标的激励作用。因为在当我们付出很多努力，但仍旧无法达成目标时，我们就会变得懈怠和灰心。只有为自己树立一个能够实现的目标，才可以使自己航向明确，能脚踏实地地去追求自己想要的生活。

那些已经有了足够阅历的人都知道，人生经常会有一些有趣的反差。当你一心立大志、成大事的时候，很可能终其一生也两手空空；当你暂时收起了雄心壮志，从身边小事开始行动时，反而会柳暗花明，出现了意想不到的好机遇。

我们对于年轻人的忠告是：不管你的梦想多么高远，先做触手可及的小事。你朝目标迈进的每一步都会增加你的快乐、热忱与自信。每天努力工作，你就会逐渐在心中激发出你相信每件事都会成功的绝对信心。每天的进步能让你去除恐惧、减少怀疑。你会从积极的思考进展成为积极的领悟，没有一件事情可以阻挡得了你。

明确目标，然后不懈努力

目标对于成功者，犹如空气对生命，不可缺少。没有目标就没有成功，没有空气就不能生存。设定明确的目标，是所有成就的出发点，98% 的人之所以失败，就在于他们从来没有设定明确的目标，并且也从来没有踏出他的第一步。有了明确的目标，并针对这一目标付诸行动，成功的希望便会青睐于你。

目标对于一个年轻人来说是至关重要的，可以说，有什么样的目标，就会有什么样的人生。没有目标，人生通常也就失去了意义，有清晰且长期的目标，并且一直努力向目标迈进，才会有一个成功的人生。

哈佛大学有一个非常著名的关于目标对人生影响的跟踪调查。对象是一群智力、学历、环境等条件差不多的青年人，调查结果发现：27%的人没有目标；60%的人目标模糊；10%的人有清晰但比较短期的目标；3%的人有清晰且长期的目标。

25年的跟踪研究结果，他们的生活状况及分布现象十分有意思。那些占3%有清晰且长期目标者，25年来几乎都不曾更改过自己的人生目标。25年来他们都朝着同一方向不懈地努力，25年后，他们几乎都成了社会各界的顶尖成功人士，他们中不乏白手创业者、行业领袖、社会精英。

那些占10%有清晰短期目标者，大都生活在社会的中上层。他们的共同特点是，那些短期目标不断被达到，生活状态稳步上升，成为各行各业的不可或缺的专业人士。如医生、律师、工程师、高级主管，等等。

其中占60%的模糊目标者，几乎都生活在社会的中下层面，他们能安稳地生活与工作，但都没有什么特别的成绩。

剩下27%的是那些25年来都没有目标的人群，他们几乎都生活在社会的最底层。他们的生活都过得不如意，常常失业，靠社会救济，并且常常都在抱怨他人，抱怨社会，抱怨世界。

你有目的或目标吗？你一定要树立个目标，因为就像你无法从你从来没有去过的地方返回一样，没有目的地，你就永远无法到达。一个人没有目标，就像一艘轮船没有舵一样，只能随波逐流，无法掌握，最终搁浅在绝望、失败、消沉的海滩上。你只有确实地、精细地、明确地树立起目标，你才会认识到你体内所潜藏的巨大能力。

曾经有人问罗斯福总统夫人：“尊敬的夫人，你能给那些渴求成功特别是那些年轻、刚刚走出校门的人一些建议吗？”

总统夫人谦虚地摇摇头，但她又接着说：“不过，先生，你的提问倒令我想起我年轻时的一件事，那时，我在本宁顿学院念书，想过边学习边找一份工作做，最好能在电讯业找份工作，这样我还可以修几个学分。我父亲便帮我联系，约好了去见他的一位朋友，当时任美国无线电公司董事长的萨尔洛夫将军。

“等我单独见到了萨尔洛夫将军时，他便直截了当地问我想找什么样的工作，具体哪一个工种。我想：他手下的公司任何工种都让我喜欢，无所谓选不选了。便对他说，随便哪份工作都行！”

“只见将军停下手中忙碌的工作，眼光注视着我，严肃地说，年轻人，世上没有一类工作叫‘随便’，成功的道路是目标铺成的！”

表现杰出的人士都是循着一条不变的途径以达到成功的，世界闻名的潜能激发大师——美国的安东尼·罗宾先生称这条途径为“必定成功公式”。这条公式的第一步是要知道你所追求的，也就是要有明确的目标。第二步就是要知道该怎么去做，否则你只是在做梦，应立即采取最有可能达成目标的做法。如果你仔细留意成功者的做法，就会发现他们就是遵循这些步骤去做的。一开始先有目标，否则不可能一发即中；然后采取行动，因为坐着等是不行的；接着是拥有研判能力，知道反馈的性质；然后不断修正、调整、改变他们的做法，直到有效为止。

前美国财务顾问协会的总裁刘易斯·沃克曾接受一位记者采访。他们聊了一会儿后，记者问道：“到底是什么因素使人无法成功？”

沃克回答：“模糊不清的目标。”记者请沃克进一步解释。他说：“我在几分钟前就问你，你的目标是什么？你说希望有一天可以拥有一栋山上的小屋，这就是一个模糊不清的目标。问题就在‘有一天’不够明确，因为不够明确，成功的机会也就不大。”

“如果你真的希望在山上买一间小屋，你必须先找出那座山，找出你想要的小屋现值，然后考虑通货膨胀，算出5年后这栋房子值多少钱；接着你必须决定，为了达到这个目标每个月要存多少钱。如果你真的这么做，你可能在不久的将来就会拥有一栋山上的小屋，但如果你只是说说，梦想就可能不会兑现。梦想是愉快的，但没有配合实际行动计划的模糊梦想，则只是妄想而已。”

聪明的人，有理想、有追求、有上进心的人，一定都有一个明确的奋斗目

标，他懂得自己活着是为了什么。因而他的所有努力，从整体上来说都能围绕一个比较长远的目标进行，他知道自己怎样做是正确的、有用的，否则就是做了无用功，或者浪费了时间和生命。显然，成功者总是那些有目标的人，鲜花和荣誉从来不会降临到那些没有目标的人的头上。

一些年轻人总怀着羡慕、嫉妒的心情看待那些取得成功的人，总认为他们取得成功的原因是有外力相助，于是感叹自己的运气不好。殊不知，成功者取得成功的主要原因，就是由于确立了明确的目标。

一个人有了明确的奋斗目标，也就产生了前进的动力。因而目标不仅是奋斗的方向，更是一种对自己的鞭策。有了目标，就有了热情，有了积极性，有了使命感和成就感。

有明确目标的人，会感到自己心里很踏实，生活得很充实，注意力也会神奇地集中起来，不再被许多繁杂的事所干扰，干什么事都显得成竹在胸。

相反，那些没有明确目标的人，总是感到心里空虚，思维乱成一团麻，分不清主次轻重，遇事犹豫不决，不知道自己该干什么，不该干什么。

只有确立了前进的目标，年轻人才会最大可能地发挥自己的潜力。只有在实现目标的过程中，我们才能够检验出自己的创造性，调动沉睡在心中的那些优异、独特的品质，才能锻炼自己、造就自己。

为目标奋斗的生活才会无比幸福和充实

在看似平凡的外表下，隐藏着不平凡梦想的人，总是心灵平定而热情充沛。有目标的人，就算不能实现这个梦想，在奋斗过程中也会收获良多。有梦想的人，言行举止都与相同处境的人不一样。

人生如潮，有起有落。每个人在寻找幸福人生的过程中，都不可能是一帆风顺的。困境与挫折是避免不了的，是否会走入误区和沼泽也不是以自己的意志为转移的。我们年轻的时候，从整体上把握人生的能力还欠缺，常常会因一时的打击而气馁。为使我们在困境中保持信心和勇气，在追求中保持方向和力量，就要为自己树立一盏导航灯，那就是人生美好的愿望和远景。无论眼前的处境多么艰难，只要你知道自己是在向着美好的目的地前进时，心灵就会平定，热情就会充沛。

在现实生活中，大自然在造就了人类的同时，也造就了人类的精神支柱——志向。志气不是可有可无的点缀品，而是一个人生命中必备的动力。人若失去了大志，就等于失去了灵魂。目标的确立对于每个年轻人的工作、学习、事业和生活都会产生巨大的影响。没有目标的人生是迷茫的，更是容易出现差错、纰漏，甚至危险的。

70多岁的老科学家，国际著名地质学家许靖华院士回到母校为中学生们作演讲时，曾经毫不避讳地说，在22岁之前，因为没有找到人生的目标，他甚至有了轻生的打算，后来在生活中他逐渐感悟到自己的人生目标是拥有友情、爱情和热情，才真正清醒地一步步走向了成功。

坚忍不拔地为事业而奋斗，是成功人士特有的气质。自古以来人们把这种精神称为“气”，没有“气”，我们的挑战就没有了方向。反过来，如果心中时刻被未来的成就所激励，每一天都会过得无比幸福和充实。

一个工地上有三个工人在砌一堵墙。

有人过来问：“你们在干什么？”

第一个人没好气地说：“你没看见吗？砌墙。”

第二个人抬头笑了笑：“我们在盖幢高楼。”

第三个人边干边哼着歌曲，他的笑容很灿烂很开心：“我们正在建设一个城市。”

十年后，第一个人在另一个工地上砌墙；第二个人坐在办公室里画图纸，他成了工程师；第三个人呢，是前两个人的老板。

三个原本是一样境况的人，对一个问题的三种不同回答，反映出他们的三种不同的人生志向。10 年后还在砌墙的那位胸无大志，当上工程师的那位理想比较现实，成为老板的那位志存高远。最终是不同的志向决定了他们不同的命运：想得最远的走得也最远，没有想法的只能在原地踏步。

一个人的优秀是从梦想开始的。及早树立目标的好处就是，它们会释放精力及创造力来协助你达成目标，能够集中你的注意力及精力，让你清楚地看到未来，给你勇气去开始并坚持到最后。那些心怀梦想的人，虽然表面上看不出来，但却有着让自己变得与众不同的力量。

因为家境困难而不得不休学的欧普拉在超市打工，比起每天站到双脚浮肿，更让她难过的是得不到别人的尊重。

商场销售员也分等级，厂家派来的职员或商场的正式员工，从外表上看显得干净利落，而且在商场内的待遇也不一样。像欧普拉这种临时雇员，无论在哪里都会受到不公平的待遇。

在每天清理货架、搬运商品的工作中，欧普拉就告诉自己，我绝不是应该享受这种待遇的人，于是就在脑海中描绘出自己的未来。主攻经营学的她，想成为市场营销的专家，有着从营销人员晋升到 CEO 的华丽梦想。

欧普拉经历了就业困难的时期和辛苦的公司生活，但她一刻也没有忘记自己在商场里就已经确定立下的梦想。如她所愿，欧普拉在市场营销领域崭露头角，几年后即被一家大企业选中，成为商场事业部的经理。

你不妨在最忙碌的时候，起身看看面对计算机工作的同事。一样的部门，

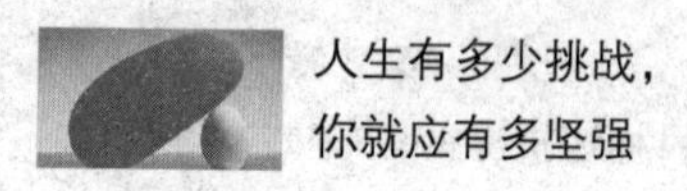

一样的办公室，同样的工作，看似差不多的生活，10年后，这些人当中，必定有人会过着与众不同的生活。在看似平凡的外表下，隐藏着不平凡梦想的人，就会是这个预言的主角。有梦想的人，就算不能实现这个梦想，也会因为奋斗的过程而实现特别的价值。有梦想的人，言行举止都与相同处境的人不一样。

对于任何东西，你都可以渴望得到，而且只要你的需求合乎理性，并且十分热烈，那么“专心”这种力量将会帮助你得到它。

假设你准备成为一个成大事的作家，或是一位杰出的演说家，或是一位成大事的商界主管，或是一位能力高超的金融家。那么你最好在每天就寝前及起床后，花上10分钟，把你的思想集中在这个愿望上，以决定应该如何进行，才有可能把它变成现实。

当你要专心致志地集中你的思想时，就应该把你的眼光望向1年、3年、5年甚至10年后，幻想你自己是这个时代最有力量的人物；假设你拥有相当不错的收入；假想你购买了自己的房子；假想你自己正从事一项永远不用害怕失去地位的工作……专注于这些想象，你就可以把自己的每一天看作一个逐渐接近目标的过程，享受奋斗的快乐。

一个人年轻的时候，社会、生活的重担还没有完全压在肩上，常常对生活、事业没有明确的目标，更没有详细的计划，因而不知道什么是自己当前要抓紧完成的，什么是绝对不应该做的，进而糊里糊涂地做了一些本来不应该做的事，最后不仅耽误了时间，浪费了精力，还可能搅乱了自己正常的生活秩序，甚至产生一些严重的不良后果。

有人曾经说过，对于一艘没有航向的船只来说，任何方向的风都是多余的；对于没有目标的人而言，任何行动都是多余的。

有了目标，我们内心的力量才会找到发挥作用的方向；有了目标，我们才会有积极奋斗的动力。比起那些因为找不到方向而灰心麻木者，心中有自己目

标的人，越发活得神采飞扬。

完成一个个小目标，然后实现突破

大成功是由小目标所累积而成的，每一个成功的人都是在达成无数的小目标之后，才实现他们伟大的梦想。年轻人的小目标要清晰而切近，它们就象一块磁铁，越近，对金属的引力就越大。在实践中，你离自己的目标越近，工作的速度就越快，所犯的错误也越少。

年轻人立志时不忌高远，这是走向成功的第一步，但如果只立志不努力去实现，那就不是志向而是空想了。在生活中，许多人因为目标过于远大，或理想太过崇高而放弃了。目标并未给他们的人生提供任何帮助。

对此，美国哈佛大学行为学家罗布提出了“小目标成功学”。他认为，有些人误以为自己能一步登天，一下成为成大事者。实际上，这是不可能的。一是由于你的能力并不够，二是由于成大事必须经过长久的磨炼。因此，真正能成大事者善于“化整为零”，从大处着眼，从小处着手。

这就是说，在你的大目标中设立几个“次目标”，以便可较快获得令人满意的成绩，能逐步完成“次目标”，心理上的压力也会随之减小，主目标总有一天会完成。

俄国作家托尔斯泰，从青年时代起，就给自己定下了人生的目标。托尔斯泰既有一辈子的目标，也有某一时段的目标，甚至一年的目标、一个月的目标、一个星期的目标、一天的目标……这样，随时都有目标，随时都有完成目标的喜悦，就会始终情绪高涨，对未来充满信心，自然有利于实现远大的目标。

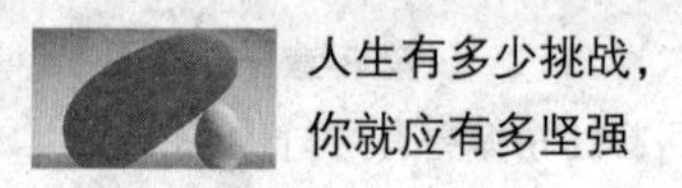

托尔斯泰的成功，与他善于把总的目标分解成若干个阶段性的小目标有莫大的关系。

要达到目标，就要向着目标前进，就像上楼一样，不用梯子，一楼到十楼是很难蹦上去的，相反蹦得越高就摔得越狠，必须是一步一个台阶地走上去。而如果将大目标分解为多个易于达到的小目标，一步步脚踏实地，每前进一步，达到一个小目标，使人体验了“成功的感觉”，而这种“感觉”将强化他的自信心，并将推动他稳步发展潜能去达到下一个目标。

大成功是由小目标所累积，每一个成功的人都是在达成无数的小目标之后，才实现他们伟大的梦想。不放弃，就一定有成功的机会，如果放弃，就已经失败了。不怕艰苦，不懈努力，迎接自己的将是成功。

小时候，尼克·亚历山大最渴望达到的目标是上学。他在孤儿院长大，那是一种老式的孤儿院，孤儿院从早上 5 点工作到日落，伙食既差又不够吃。

尼克是一个聪明的小孩。他 14 岁就从中学毕业，然后，他投入社会谋生。

他所能找到的工作，是在一家裁缝店里操作一台缝纫机。14 年来，他一直在那种环境下工作，不久，那家裁缝店加入了工会，工资提高了，工作时间缩短了。

尼克·亚历山大幸运地娶了一个女孩，她愿意帮助他实现上大学的梦想。但事情并不容易，到他们结婚之后没多久，店里开始裁员，于是他们决定自己去闯天下。他们把存款聚集在一起，开了一家“亚历山大房地产公司”。尼克的太太特丽莎甚至把订婚戒指也卖掉了，以便增加他们那笔小小的资本。

在两年之内，生意兴隆，于是特丽莎坚持让尼克去上大学。他在 26 岁的时候，得到了学位——这是人生道路上所抵达的第一个里程碑。尼克又回到房地产事业，成为他太太的生意伙伴。他们又有了一个新目标——海边的一幢房子，终于，他们也实现了那个梦想。他们有一个小女孩要接受教育。如果他们

能把他们商业大楼的分期付款缴清，把大楼变成公寓出租，收入的租金就能支付他们孩子的大学费用了，因为一心一意要达到这个目标，他们终于做到了。

亚历山大太太说，他们目前正在为他们的退休保险金而努力。现在尼克单独主持事业，特丽莎则照顾自己的家。亚历山大夫妇过着一种忙碌、成功、幸福的生活，因为他们面前总是有一个目标，使他们的努力有一个方向。

在现在年轻人看来，尼克夫妻的目标也许有些平庸，但是你要知道，这些生活平稳的中产阶级正是这个社会的主流。即使退一步说，如果你以成为顶尖人物为理想，路依然要一步一步地走。比如你的目标是成为本行业的领军人物，也要以一些细小而明确的目标开始：半年内完成财会班的自学，一年内掌握投资的技巧，三年内升至部门的主管……当这些目标一个接着一个实现的时候，你就会逐步地接近成功。

在分解目标、实现目标的过程中，应当注意的是，人生的大目标是人生大志，可能需要 10 年、20 年甚至终生为之奋斗。所以，任何懈怠都会使你停滞不前，甚至有半途而废的危险。这时候你就需要在行动中寻找动力。

曾经有一位 63 岁的老人从纽约市步行到了佛罗里达州的迈阿密市。经过长途跋涉，克服了重重困难，她到达了迈阿密市。在那儿，有位记者采访了她。记者想知道，这路途中的艰难是否曾经吓倒过她？她是如何鼓起勇气，徒步旅行的？

老人答道：“走一步路是不需要勇气的，我所做的就是这样。我先走了一步，接着再走一步，然后再走一步，我就到了这里。”

做任何事，只要你迈出了第一步，然后再一步步地走下去，你就会逐渐靠近你的目的地。如果你知道你的具体目的地，而且向它迈出了第一步，你便走上了成功之路！

想干大事业的人，首先要做好小事情；想要实现宏大目标，先得从实现小目标开始。人生是一个不断设立目标并实现目标的过程，当每一个小梦想都慢慢实现的时候，我们的人生就真的可以无怨无悔了。这并不是天方夜谭，我们已经朝着正确的方向迈出了第一步，只要我们一步一个脚印地走下去，就一定能够取得胜利。

多做事情，锻炼功力

多做事情，锻炼功力，是接近伟大目标的一种最踏实的“捷径”。这不仅能彰显勤奋的美德，而且能发展出一种超凡的技巧与能力，使你具有更强大的生存力量，从而摆脱困境。

年轻人进入社会，刚开始时只是新鲜人、小人物，他们做着枯燥的事务性工作，对那些挑大梁的精英有些羡慕，又有点儿敬畏。每个人的心底，都会有叱咤风云的梦想，这中间，有的人顺利实现了自己的目标，有的人却一直做着可有可无的工作，一生默默无闻。除了天分、机遇等客观原因，失败者还在于对自己的认识不够准确，只把眼光盯在理想的光环上，而忘记了逐步充实自己的努力。

有些年轻人虽然有野心、有能力，却对工作过分挑剔，一直在寻找“完美的”老板或工作。事实是，老板需要准时工作、诚实而努力的员工，他只将加薪与升迁的机会留给那些格外努力、格外忠心、格外热心、花更多的时间做事的职员，因为他在经营生意，而不是在做慈善事业，他需要的是那些更有价值的人。

然而不幸的是，许多人只是站在生命的火炉前，说道：“火炉，请给我一点温暖，然后我给你加进一些木柴。”

如此类推，秘书往往会跑到老板那里说："给我加薪，我就会做得更好。"推销员会到老板那里说："升我为销售主管，我就会变得很能干，虽然我一直没有做出什么。所以请让我做主管，我会做给你看。"

"给我报酬，然后我会生产。"可惜生命并不是这样运行的。在你期望得到东西前，必须加进一些东西才行。凡是有责任感的人都会同意"没有白吃的午餐"与"你无法不付出代价就得到一些东西"。

一天，一名叫丽塔的女雇员匆匆走进经理的办公室，一屁股坐在椅子上。她在公司客户服务部工作。几周来，客户们纷纷来电话抱怨货物发运有误，弄得她应接不暇。她对这种情况感到厌烦透了，要求经理采取点措施，不然她准备辞职了。

"好吧，丽塔。"经理像往常一样说，"我会搞清楚是怎么回事的。"

她道了谢，起身离去了。丽塔总能得到她寻求的一点安慰、一点保证。但她因此暴露了自己的心态：我是个"小人物"，不应当成为处理问题的人；我只想每天来上班，一切都顺利。

采取"小人物"态度的职工，无异于在告诉别人，他们不打算承担更多的责任。倘若丽塔走进经理的办公室时，是带着解决问题的办法，而不是问题本身，她也许会使自己成为晋升候选人。

工作中，人人都会遇到问题，关键在于你怎么办。专家的忠告是：靠自己解决问题。因为问题显示你的才干、给公司做出重要贡献的机会。事实上，不少晋升机会都是由那些聪明的雇员能干超出其职责范围的工作时创造的。

你没有义务要做自己职责范围以外的事，但是你可以选择自愿去做，以驱策自己快速前进。率先主动是一种极珍贵、备受看重的素养，它能使人变得更加敏捷、更加积极。无论你是管理者还是普通职员，"每天多做一点"的工作态度能使你从竞争中脱颖而出。你的老板、委托人和顾客会关注你、信赖你，从而给你更多的机会。每天多做一点工作也许会占用你的时间，但是，你的行为会使你赢得良好的声誉，并增加他人对你的需要，最终成为公司和本行业中不可或缺的人。

卡洛·道尼斯先生最初为杜兰特工作时，职务很低，现在已成为杜兰特先生的左膀右臂，担任其下属一家公司的总裁。他之所以能如此快速地升迁，秘密就在于“每天多干一点”。

他平静而简短地道出其中原由：“在为杜兰特先生工作之初，我就注意到，每天下班后，所有的人都回家了，杜兰特先生仍然会留在办公室里继续工作到很晚。因此，我决定下班后也留在办公室。是的，的确没有人要求我这样做，但我认为自己应该留下来，在需要时为杜兰特先生提供一些帮助。工作时杜兰特先生经常找文件、打印材料，最初这些工作都是他自己亲自来做。很快，他就发现我随时在等待他的召唤，并且逐渐养成招呼我的习惯……”

杜兰特先生为什么会养成召唤道尼斯先生的习惯呢？因为道尼斯主动留在办公室，使杜兰特先生随时可以看到他，并且诚心诚意为他服务。这样做获得了报酬吗？没有。但是，他获得了更多的机会，最终获得了提升。

在养成了“每天多干一点”的好习惯之后，与四周那些尚未养成这种习惯的人相比，你已经具有了优势。这种习惯使你无论从事什么行业，都会有更多的人指名道姓地要求你提供服务。

如果你希望将自己的胳臂锻炼得更强壮，唯一的途径就是利用它来做最艰苦的工作。相反，如果长期不使用你的胳臂，让它养尊处优，其结果就是使它变得虚弱甚至萎缩。身处困境而拼搏能够产生巨大的力量，这是人生永恒不变的法则。如果你能比分内的工作多做一点，那么，不仅能彰显你勤奋的美德，而且能发展出一种超凡的技巧与能力，使你具有更强大的生存力量，从而摆脱困境。

一般人认为，忠实可靠、尽职尽责完成分配的任务就可以了，但这还远远不够，尤其是对于那些刚刚踏入社会的年轻人来说更是如此。要想取得成功，必须做得更多更好。一开始我们也许从事秘书、会计和出纳之类的事务性工作，难道我们要在这样的职位上做一辈子吗？成功者除了做好本职工作以外，还需要做一些不同寻常的事情来培养自己的能力，引起人们的关注。

年轻人经常面临的最大困惑是失去了职业生涯的方向。他们觉得有种无力感，认为自己的角色可有可无，跟不上别人，没有归属感，工作中充满了挫折。这时候你所能做的最有价值的事情，就是每天从手边的工作开始踏踏实实做事情，认认真真培养能力。这会使你在事业中的地位日渐重要，不动声色地接近了伟大的目标。

第 9 章
没有什么不可能，成功是从一个坚定的决心开始的

多数人在谈到自己的人生成功与幸福时，会归功于自己在年轻的时候就对人生充满期待，下定决定做一个不平凡的人，不虚度自己的一生。早早地和凡人结婚生子，辛辛苦苦地过日子，看到这种人的生活，大多数年轻人应该感到可悲。

克富洛夫说：“现实是此岸，理想是彼岸，中间隔着湍急的河流，行动则是架在河上的桥梁。”

既然没有尝试，就别说做不到

人的心理倾向于选择安全、舒适和熟悉的环境，世界上很多脑筋好的人，不一定万事皆成，因为他们都以理论来解释人生，在没有进行任何尝试之前，自己先退缩了。

生活中，没有人一帆风顺，年轻人在逐步走向成熟的过程中，总会遇到一些比较困难或者自己不愿意做的事情，有些人会知难而进，强迫自己去接受挑战，而更多的人却都是采取逃避的态度，把它无限期地往后搁，最终一事无成。

美国有一位寿险业的销售冠军，在被问到如何销售保险的时候，他说在大学的时候，全校几乎所有的美女都跟他约会过。问的人很纳闷："这跟保险有什么关系？"

他回答说："很有关系，因为这些所谓的校园美女，大部分的男生都不敢追求她们，他们都是被动的，都怕被拒绝。"

但是他知道，这些美女都是很寂寞的，他不断地主动出击，因此每次都能奏效。

正因为他跟学校所有的美女都约会过，所以当他从事保险业的时候，他想，这些成功的人士，大家一定都不敢去拜访。或者认为他们已经买了保单。

然后，他不断地主动出击，不断地拜访他们，在说服了这些董事长购买保单之后，董事长的朋友也都是成功人士，这些成功人士不断地介绍朋友给他，

因此他成了保险业的佼佼者。

这件事告诉年轻人：不论做什么事，都不能在未开始行动之前，先在自己心里打了退堂鼓。行不行，你都要试过了再说，凡事只有主动出击，才可能有好的结果。

世界上很多脑筋好的人，不一定万事皆成，因为他们都以理论来解释人生，在没有进行任何尝试之前，自己先退缩了。

琼斯大学毕业后如愿以偿地到当地的《明星报》任记者。这天，他的上司交给他一个任务：采访大法官布兰代斯。

第一次上班就接到如此重要的采访任务，琼斯不是欣喜若狂，而是愁眉不展。他想：自己任职的报纸又不是当地的一流大报，自己也只是一名刚刚出道、名不见经传的小记者，大法官布兰代斯怎么会接受我的采访呢？同事史蒂芬得知他的苦恼后，拍拍他的肩膀，说："我很理解你。让我来打个比方：你现在好比躲在阴暗的房子里，然后想象外面的阳光多么炽烈。其实，最简单有效的办法就是往外跨出第一步。"

史蒂芬拿起琼斯桌上的电话，查询布兰代斯的办公室电话。很快，他与大法官的秘书接通了电话。接下来，史蒂芬直截了当地提出了他的要求："我是《明星报》新闻部记者琼斯，我奉命采访法官，不知他今天能否接见我？"站在旁边的琼斯听了吓了一跳。史蒂芬一边打电话，一边向目瞪口呆的琼斯扮鬼脸。接着，琼斯听到了他的答话："谢谢你。明天1点15分，我准时到。"

"瞧，直接向他说出你的想法，一切问题都解决了。"史蒂芬向琼斯扬扬话筒，"明天中午1点15分，你的约会时间不要忘了。"一直在旁边看着整个过程的琼斯面色放缓，他终于明白，有许多事情其实很简单，只是我们自己把它想得过于复杂了，因此也就丧失了机会。

如果有一件事应该去做而你一直在犹豫，那么单刀直入是最简明的办法，做来不易，但很有用。而且，第一次克服了心中的畏怯，下一次就容易多了。

美国前总统罗斯福说过：“我们唯一需要害怕的，是害怕本身。”因为心中的畏怯，使我们在做一些新事情的时候总是犹豫不决。人的心理倾向于选择安全、舒适和熟悉的环境，只有具备成功素质的人，才可以冲破这种心理的束缚。

杨兰还不到30岁，已经是一家名牌服装店的老板。她来自贫穷的山区，大学毕业后放弃了回家乡工作的机会，毅然留在省城，当过记者，摆过地摊，开过服装店。一次偶然的机会，她认识了一位皮尔·卡丹代理商，信心百倍的她东挪西借筹款，在省城闹市区租个门面撑起了一个专卖店。创业之初，她吃住在店里，为了支付昂贵的租金，她有时一顿饭用一块大馍充饥。热情周到的服务终于让专卖店里有了络绎不绝的顾客，生意红火了，她没下过一次饭店，未买过时尚衣服，仍过着节俭的生活。渐渐地，她口袋里的钱像滚雪球一样一天天地多起来。一年前，她竟把左右邻店兼并过来，同时还招聘了6名员工。已成款姐的杨兰不无真诚地说：“都市里到处都能掘到黄金，关键是你要选择好自己的生活方式，别像城里的人那样，在下岗的风雨袭来时感到手足无措，什么也不去试，整日只哀叹命运不济。”

其实，只要细心地观察一下四周，你就会发现，在都市的角角落落，确实生活着生命力很旺盛的外地人。他们大都干过很多行业，并且永不言败，以顽强的生存能力有滋有味地生活着。而那些一生下来就有了城市户口的城里人，在失去铁饭碗之时，却连一条求生存的路也找不到。因为不愿意也不敢去做，他们仅剩的一点儿生存能力也退化了，已经无力面对外面激烈的竞争。

有些年轻人，人还没老，心却已经老了。采取任何行动之前，他们会想象一切负面的结果，感到焦虑不安、遇事拖延、按兵不动。这种人必须训练自己，在考虑任何事情时，列出清单，同时列出利与弊、改变与维持现状的差异，控制心中的恐惧，让自己变得更有行动力。我们唯有不断拓展生存空间，不断地

刷新自己，才能在行动中谋求适合自己的发展方式。

你的字典里不允许有“不可能”三个字

人之所以能，是因为相信能。所谓“事实证明我不行”，不过是有几次偶尔的挫折和失败，它们并不能代表生活的全部，更不代表你永远失败。你完全可以通过改变外在条件，或提高内在能力，否定“事实证明我不行”。

在学校的体育课上，你或许会有这样的经历：当一根横杆摆在面前的时候，如果你给自己鼓劲说“我一定可以越过去”，那么你可能跨越横杆，也可能不小心带倒它，功亏一篑；可如果在没跳之前，你心里先打了退堂鼓，认为自己绝对不行，那么十有八九，你的试跳会失败。这件事告诉年轻人，虽然我们的素质不同，能力有高有低，但是“不可能”三个字，是你为自己的成功人为设置的又一道障碍。

玛丽·凯是一家世界著名的化妆品公司的创始人，她为自己的化妆品公司设计的吉祥物是大黄蜂。“由于它弱小的翅膀和笨重的身体，从空气动力学的角度讲，大黄蜂应该不能飞行。但是大黄蜂不知道这些，所以它可以自由地飞来飞去。”

我们有时会在自己的头脑中给某些潜能设立了极限，以为我们无法超越它。实际成本，正是这种预先设立的极限妨碍了我们的潜能的发挥。我们只有学会打破它们，在还没有做之前，先不要说不可能，即使在做的过程中遇到了挫折，也不要轻易放弃。只有这样，我们才能突破现实的障碍，开拓出一片新的天地。乔治·丹特是斯坦福大学运算研究和电脑科学教授，下面是他的很有启发性的经历。

当时乔治·丹特正在加利福尼亚大学伯克利分校数学系攻读硕士学位。有一天，他像往常一样又迟到了。进了教室后，他便匆匆忙忙抄下黑板上的两道数学题，他以为，那一定是教授留的家庭作业。那天晚上，在他坐下来解这两道数学题时，他感觉到这是教授有史以来留的最难的家庭作业。他冥思苦想了几个晚上，在试着解第一道题以后，又试着解第二道题，但都无法得出结果。可他仍然坚持着。

几天后，他终于取得了突破性的进展，解开了那两道题。他将作业带到教室，教授告诉他把作业放在他的桌子上，当时桌子上已经高高地堆满了纸张，他很担心自己辛辛苦苦完成的作业会被夹在这些杂乱无章的东西中弄丢了，但还是很不情愿地将作业放在了那里。

很长时间以后的一天早上，一阵巨大的敲门声将他从梦中惊醒，他很吃惊地发现敲门的竟然是教授。“乔治，乔治！”教授喊道，“你把它们解出来了！”

乔治说：“是的，我当然解出来了，那不是你留的作业吗？”经过教授解释，乔治才知道，原来黑板上的那两道题不是家庭作业，而是数学界著名的难题，多年来许多有名的数学家都没能解决它们。教授几乎不敢相信乔治在短短的几天时间里就解开了这两道题。

事后，乔治说：“如果有人事先告诉我这是两道非常著名的数学难题，或许我根本就不会试着去解它们了。”

由此看来，如果我们事先认为某事是不可能的，我们就不会采取积极的态度，也不会全力以赴，寻找解决的办法。结果，那件事就真的变成不可能的了。反之，如果我们事先并不把它当成是不可能的，我们就会想方设法，调动一切可能的力量去对付它，最终很可能会取得意想不到的成功。

在生活中，由于自己碰过壁，或者由于别人不断向你灌输某种“你不行”

的理念，本来颇有能力的人，也容易产生“四面八方都通不过”的感觉，最终干脆放弃努力。应该警惕的是：所谓“事实证明我不行”，不过是有几次偶尔的挫折和失败，它们并不能代表生活的全部，更不代表你永远失败。你完全可以通过改变外在条件，或提高内在能力，否定“事实证明我不行”。多试几次看一看，说不定你会创造原来想象不到的奇迹。

那些最大的成功者，总是敢于在风口浪尖上考验自己，将“我不行”三个字从字典中删除。他们不接受外界加给自己的“不行”，更不允许自己对自己打击。在别人觉得最不可能成功的地方，他们最终取得了别人无法想象的成功。

清朝末年，孙中山留学归来途经武昌总督府，想见湖广总督张之洞。他递上“学者孙文求见之洞兄”的名片，门官将名片呈上。张之洞很不高兴，问门官来者何人？门官回答是一儒生。张总督拿来纸笔写了一行字，叫门官交给孙中山：持三字帖，见一品官，儒生妄敢称兄弟。这分明是瞧不起人。孙中山只微微一笑，对出下联：行千里路，读万卷书，布衣亦可做王侯。张之洞一见，不觉暗暗吃惊，急命大开中门，迎接这位风华正茂的读书人。对这样一个心无畏惧，勇向高峰冲刺的人，谁能抵挡呢？

其实，每个人的身上都蕴藏着巨大的能量，同时也蕴藏着信心，而一个人年轻的时候，往往并不知道自己有多大的能力。如果把自己身上的信心挖掘出来，相信自己的才能并不断努力的话，你潜在的能量就一定会被挖掘出来，并使你的人生变得无限光明，最终做出一番令人赞赏的业绩。

如果你毫无自信，优柔寡断，不敢超越环境和自我，那么你的生活就会黯淡无光。越是巴望奇迹来挽救自己的人，越是不会创造奇迹，生活中美好的事物历来只和敢于正视现实、迎接挑战的人结伴同行。无论年轻人追求的东西是什么，先相信自己完全有能力做到，你就成功了一半。

排除干扰，专注手头事

专心做好一件事，就能有所收益，就能突破人生困境。这样做的好处是不至于因为一下想做太多的事，反而一件事都做不好，结果两手空空。

人的精力是有限的，将有限的精力投入到很多事情上去，则用于做每件事情的时间都会很少，通常也就不会做得很出色。如果一个人花10年的时间专注于某一件事，那么10年后，他基本上会把那件事做得很好。正所谓“十年磨一剑”，这一剑必是锋利无比、削铁如泥的宝剑，与只用几天磨出来的剑是不可同日而语的。一桶水，只浇1棵树，可以使它成活；如果用来浇10棵树，恐怕每一棵都会死去。年轻人精力的使用也遵循同样的道理。我们常说“有所不为才能有所为”，强调的也是专注的重要。

古往今来，凡是有成就的人，都很注意把精力集中用在一个目标上，专心致志，集中突破，这是他们成功的最佳方案。历史上不少人被埋没，除了社会原因外，没有找到他们为之献身的具体事业目标，东一榔头，西一棒槌，今日点瓜，明日种豆，不能不说是一个重要原因。

有人在客厅里挂一幅画，请邻居来帮忙。画已在墙上扶好，正准备砸钉子，他说：“等一等，木块有点大，最好能锯掉点。”于是便四处去找锯子。找来锯子，还没有锯两下，“不行，这锯子太钝了，”他说，“得磨一磨。”

他家有一把锉刀，锉刀拿来了，他又发现锉刀没有把柄。为了给锉刀安把柄，他又去校园边上的一个灌木丛里寻找小树。要砍下小树，他又发现那把生满老锈的斧头实在是不能用。他又找来磨刀石，可为了固定住必须得制作几根固定磨刀石的木条。为此他又去找一位木匠，木匠家一定有现成的。然而这一走，就再也没见他回来。下午再见到他的时候，是在街上，他正在帮木匠从五

交化商店里往外架一台笨重的电锯。

也许你会觉得这个故事有点儿搞笑，事实上，工作生活中有好多走不回来的人。他们认为要做好这一件事，必须得去做前一件事。要做好前一件事，必须得去做更前面的一件事。他们逆流而上，寻根究底，直到把那原始的目的忘得一干二净。这种人看似忙忙碌碌，一副辛苦的样子，其实，他们不知道自己在忙什么。起初，个别的人也许还知道，然而一旦忙开了，还真就忘了自己的初衷。

可以看出，最成功的人都是能够迅速而果断做出决定的人，他们总是首先确定一个明确的目标，并集中精力，专心致志地朝这个目标努力。

曾经有人问牛顿怎样发现了“万有引力定律”，他回答说：“我一直在想这件事。”成功者始终将目光集中在他们的目标上，他们常常在向目标奋进的过程中提醒自己目标所在。

林肯专心致力于解放黑奴，并因此使自己成为美国最伟大的总统。

李斯特在听过一次演说后，内心充满了成为一名伟大律师的欲望，他把一切心力专注于这项目标，结果成为美国成大事者的律师之一。

汉代大儒董仲舒为了著书立说，有三年时间连近在咫尺的花园都没有看一眼，终成一代鸿儒。

一次只专心地做一件事，全身心地投入并积极地希望它成功，这样你的心里就不会感到精疲力尽。不要让你的思维转到别的事情、别的需要或别的想法上去。专心于你已经决定去做的那个重要项目，放弃其他所有的事。

记得那次在三环，我坐在车上看到旁边一辆空计程车违规肇祸，就对司机抱怨说：“空车没有载客，应该从从容容地开才对，怎么还这样漫无章法呢？”

正在驾驶的司机却侧过脸对我说：“就因为是空车，所以更容易出事！”

空驶计程车因为急于寻找客人，开车时总是东张西望，注意力不集中。有时正要左转，心想这时候右边的客人或许多些，又临时改为右转，所以速度虽不见得快，却最容易出事。倒是许多载了客人的计程车，司机心里有一定的目的地，纵使开得快了些，也不容易肇事。

认定目标的人，速度快而平稳；没有志向而彷徨犹豫的人，不但速度慢，而且还容易出错。记住这一点，可以使我们处理事情的方式有种面目一新的改观。

把你需要做的事想象成一大排抽屉中的一个小抽屉。你的工作只是一次拉开一个抽屉，令人满意地完成抽屉内的工作，然后将抽屉推回去。不要总想着所有的抽屉，而要将精力集中于你已经打开的那个抽屉。一旦你把一个抽屉推回去了，就不要再去想它。

了解你在每次任务中所需担负的责任，了解你的极限。如果你把自己弄得精疲力尽和失去控制，那你就是在浪费你的效率、健康和快乐。选择最重要的事先做，把其他的事放在一边。做得少一点，做得好一点，才能在工作中得到更多的快乐。

最弱的人，集中精力于单一目标，也能有所成就；反之，最强的人，分心于太多事务，也可能一事无成。在激烈的竞争中，如果年轻人能向一个目标集中注意力，成功的机会将大大增加。

练就钢铁一般的意志力

当命运向你掷来一把刀的时候，如果你抓住刀口，它会割伤你，甚至将你置于死地；但是如果你抓住刀柄，你就可以用它来披荆斩棘，开辟出一条路来。

因此，当人生遭遇挫折的时候，你要抓住它的柄。换句话说，你要直面挫折，挺直脊梁，以昂扬的斗志和积极的心态，从逆境中闯出来。

年轻人真正意义上的人生刚刚开始，也许现在你还没有接受过磨难的考验，但无论如何，也先要有接受挑战的准备。是金是铁，要炼过了才知道。明代洪应明所著《菜根潭》，耐人咀嚼。书中说："横逆困劳，是锻炼豪杰的一副炉锤，能受其锻炼者则身心交益；不受其锻炼者则身心交损。"这真是一语道破了强者的奥秘。

人们驾驭生活的技巧和主宰生活的能力，是从困境生活中磨砺出来的。和世间任何事件一样，挫折也具有两重性。一方面它是障碍，要排除它必须花费更多的力量和时间；另一方面它又是一种肥料，在解决它的过程中能够使人更好地锻炼提高。

我国古人对此早就有所认识，孟子曾经说过："天将降大任于斯人也，必先苦其心志，劳其筋骨，饿其体肤，空乏其身，行拂乱其所为，所以动心忍性，增益其所不能。"这句话应该颠倒过来说，只有经过艰难曲折的磨炼，"斯人"才能承担"大任"。

车尔尼雪夫斯基曾说过："历史的道路不是涅瓦大街上的人行道，它完全是在田野中前进的，有时穿过尘埃，有时穿过泥泞，有时横渡沼泽，有时径经丛林。"人在事业上的奋斗道路也并不总是洒满阳光、充满诗意的，常常也会遇上沼泽、寒风或面临荆棘丛生的小道。

人生多有不如意之事，挫折可以算作生活的调料，能使我们的人生更加丰富多彩，有滋有味。面对挫折，权且把它当作命运跟我们开的一个玩笑，不妨将沮丧丢到脑后，抖擞精神，继续奋斗。

英国伟大的物理学家牛顿曾经花费10年时间撰写光学手稿，在完成的那一天，他长舒了一口气，走到户外歇息了一会儿。当他回来的时候，与他相依为命的猫从桌子上跳了下来，不慎将正在燃烧的蜡烛碰倒，点燃了放在桌子上的光学手稿，10年的心血在顷刻之间化为灰烬。牛顿伤心至极，抱起那只不知自己已闯下大祸的猫抚摸着。他没有惩罚那只猫，它是牛顿唯一的伙伴。牛顿并没有从此一蹶不振，而是伏案疾书，又用了5年的时间，将他的光学手稿重新写了一遍。

约翰·班杨因为宗教观点被关进监狱里遭受痛苦的惩罚之后，才完成了英国文学史上最著名的作品《天路历程》。

欧·亨利是在遭遇极大不幸而且被关进俄亥俄州哥伦比亚的监狱里之后才发现了他那昏睡在头脑里的天才。由于被迫经历许多不幸，他曾被认为是一个被亲友遗弃的罪犯，后来人们发现他竟是一个伟大的作家。

海伦·凯勒在她出生不久以后就变成聋、盲、哑。但是她完全不顾虑自己重大的不幸，而是把她的姓名记载在永垂不朽的伟人历史中。她一生的事迹就是对下面这句话的最好验证：“除非挫折被一个人所接受而承认它是不可改变的事实，否则一个人是永远不会被打败的。”

贝多芬的数部交响曲，都是用理智战胜情感，忍受着失恋的伤痛，靠着对事业追求不息的生命支撑点谱写而成的。

丹麦的安徒生一贫如洗，全家睡在一个搁棺材的木架上，常常流浪在哥本哈根的街头巷尾，但却成为世界文坛的名流豪杰。

英国物理学家法拉第出身贫寒，当过学徒卖过报，吃了上顿缺下顿，但却百折不挠，创立了电磁感应定律，为人类敲开了电气时代的大门。

历尽坎坷的伟大作家曹雪芹，他从原来“锦衣纨绔”“饫甘餍肥”的贵族公子，沦为“蓬户瓮牖，绳床瓦灶”“举家食粥酒常赊”的破落子弟。但是，巨大的挫折并没有使他气馁，窘迫的生活并没有使他消沉，反而激发了他强烈的创作欲望，他终于写出了伟大的现实主义小说《红楼梦》。

以上事例说明，在工作和生活中，一切顺心如意，一点风雨也不存在的，不一定是好事。这可能预示着他的进步和发展已处在停顿不前的境地。

成功者大都起始于不好的环境并经历许多令人心碎的挣扎和奋斗。他们生命的转折点通常都是在危急时刻才降临。经历了这些沧桑之后，他们就具有了更健全的人格。

事业上的逆境是一部深奥丰富的人生教科书。它吞噬意志薄弱的失败者，而常常造就毅力超群的事业成功者。

大凡伟大的事业都是在艰巨的磨难中完成的。“好事多磨”，“不受磨难不成佛”，说透了这个深刻的道理。一个人生活太优裕，道路太顺畅，未经磨难，未经人生路上的摸爬滚打，一旦遭到坎坷和挫折，往往会一筹莫展，驻足不前，甚至长期地沉浸在苦闷之中。

恰如温室里的花朵一般，未曾经风雨见世面，未曾形成你的独立自主的能力，也就没有任何承受折磨的心理准备和经验积累。而一个历尽沧桑、饱经风霜的人则不同，他是在磨难和挫折里长大与成熟起来的，他已经具备了应付挫折的心理承受能力和驾驭生活的能力，面对人生事业中的大小磨难，他无所畏惧，勇往直前，凭着坚强不屈的意志，战胜挫折，取得了事业的成功和人生的幸福。

自然界不时给人生提供生动的启示，它仿佛是一位饱经沧桑的哲人，为人们指点人生的迷津。马尔藤博士曾这样说，在风平浪静的湖面上荡舟，用不着多少划船技巧和航行经验，只有当海洋被暴风雨激怒，浊浪排空，怒涛澎湃，船只面临灭顶之灾，船中人相顾失色、惊恐万状之时，船长的航海能力才能被试验出来。人生也是如此，当你处于经济窘迫、生活步履维艰、事业惨淡无光之时，你才会接受考验：你是一个懦夫，还是一个勇敢坚毅的英雄好汉！

大凡一个杰出的人物，都产生在重重的磨难里，产生在十分恶劣的人生境

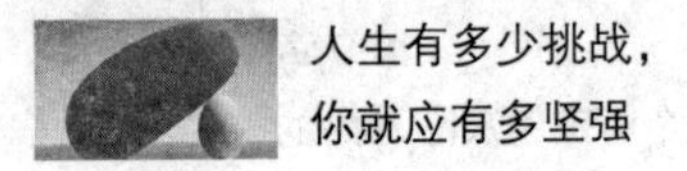

况之下。在阳光和煦的温柔之乡，在充满欢声笑语的杯盘酒盏之下，在醉生梦死的温馨金纱帐里，不可能产生出杰出的人物、伟大的人生。人生的风雨是立世的训喻，恶劣的境遇是人生的老师。

年轻人人生旅程刚刚启航，或许还没有经历命运的多舛，没有经受风雨的洗礼，但要有直面挫折的勇气，在挫折面前，做个打不垮的强者。

从失败中学到经验，并善加利用

聪明人的智慧并不全部来源于自己的成功，其中的80%是从自己及他人所犯的错误中学到的。从失败中学到聪明，并善加利用，这就是他们步入成功人士行列的真正原因。

年轻人大都好面子，有不少人喜欢谈成功的经验，而不乐意讲失败教训。因为谈起经验面上有光，而说到教训总感到心中有愧。其实，教训大可不必讳言，它与经验同等重要，应该引起我们的重视。

错误很可能致命。错误会造成严重的结果，而这往往不在错误本身，而在于犯错人的态度。聪明的人会从失败中学到教训。失败者是一再失败，却不能从其中获得任何经验。能从失败中获得教训的人，就能建立更强的自信心。直面错误，积极改正，继续努力，你就可能获得成功。

某著名大公司招聘职业经理人，一位中年男子前来应聘。他说：“我虽然只是本科毕业，中级职称，可是我有10年的工作经验，曾在12家公司任过职……”

主考官表示，先后12次跳槽，并不是一种令人欣赏的行为。

那男子说：“先生，我没有跳槽，而是那 12 家公司先后倒闭了。”在场的另一个考生说：“你真是一个地地道道的失败者！”男子也笑了：“不，这不是我的失败，而是那些公司的失败。这些失败积累成我自己的财富。我很了解那 12 家公司，我曾与同事们努力挽救它们，虽然不成功，但我知道错误与失败的每一个细节，并从中学到了许多东西，这是其他人所学不到的。很多人只是追求成功，而我更有经验避免错误与失败！”

他停顿了一会儿，接着说：“我深知，成功的经验大抵相似，容易模仿；而失败的原因各有不同。用 10 年学习成功经验，不如用同样的时间经历错误与失败，所学的东西更多、更深刻。别人的成功经历很难成为我们的财富，但别人的失败过程却是！”

失败的过程就是一个学习的过程，无论你有多少关于成功的知识，最终都是纸上谈兵，失败的教训却不同，它能使你更为清晰地认识自身的长短和周围的世界，一个人从失败中学习到的人生经验，印象更深刻，更能使人警醒。而且真正善于总结经验、吸取教训的人，不光会从自己的经历中吸取有用的东西，更能从别人的经历中取得经验和教训。这样的人不仅不会被同一块石头绊倒两次，更多的时候，他会避开这块石头，或者将它从自己的路上搬走，因为他已经从别人的经验和教训中对这块石头有了清醒的认识。

所以说失败并不可怕，如果你能用乐观的心态、思考的眼光看待失败，失败就是一种宝贵的人生资历。反而是那些一向顺风顺水的人，一点吃苦的经验也没尝到，一点挫折感也没有，一遇到挫折和难关，便容易一蹶不振。

事业是我们永恒的追求。但干任何一项事业都可能会失败。诚然，避免失败的唯一办法是绝不追求成功，宁可安分守己。不过你其实可以从失败中吸取教训，找出纰漏所在，设法纠正，那么，你就会有扭转乾坤的力量。

细心检讨失败的原因很重要。你一定要正视失败，以免重蹈覆辙。哈佛大学的一位心理学教授对许多事业上受过重大挫折而屹立不倒的人进行总结后发现，找到失败的原因并引以为戒是其共同的特征。不管你是谁，你都可能发现自己遭受过同样的挫折，问题是你能否针对这些原因加以改进。

布朗是美国一位最成功的电影制片家，但却先后被3家公司革职，他才体会到大机构生活对他不合适。他在好莱坞晋升为20世纪霍士公司第二号人物，后来建议摄制《埃及妖后》，不料这部影片卖座奇惨。接着公司大裁员，他也被裁掉了。

在纽约，他在新阿莱利坚文库任编纂部副总裁，但是几位东主聘请了一位局外人，而他和这人意见不合，于是又被开除。

回到加州，他又进了20世纪霍士公司，在高层任职6年，不过董事局不喜欢他所建议拍摄的几部影片，他又一次被革职。

布朗开始仔细检讨自己的工作态度。他在大机构做事一向敢言、肯冒险，喜欢凭直觉处事。这些都是当老板的作风。他痛恨以委员会的方式统筹管理，也不喜欢企业心态。

分析了失败的原因之后，布朗自立门户，摄制了一系列受人欢迎的影片，如《大白鲨》《裁决》《天茧》等。

布朗作为公司行政人员确实很失败，但他天生是个企业家，只是过去干了不适合自己的工作一时没有发挥潜力而已。

在人生的旅途中，你必须以辩证的态度面对失败，总结经验，调整方向，终究会找出一条属于自己的路来。唯有如此，你才不会被挫折击垮，被失败所伤。因为在人生之路上，毕竟一帆风顺者少，而曲折坎坷者多，成功者大多是在经历无数次失败后才走向成功的。正如通用电气公司创始人沃特所说：“通向成功的路就是把失败的次数增加一倍。”但失败对人毕竟是一种“负面刺激”，总会使人不愉快、沮丧、自卑。那么如何面对失败，在失败时如何解脱，就成

为能否战胜失败，走向成功的关键。

据一项心理学统计，一个普通的人可以忍受被拒绝和失败的次数通常以三次为限，但是一个成功的人，他可以忍受失败的次数，应该是几次？

答案是：无数次！

美国最伟大的总统林肯坚信：“上帝的延迟，并不是上帝的拒绝。”成功就是屡败屡战，然后从每一个失败中学习，把每一次的失败经验，当成自己下一次成功的资本。就像爱迪生在发明电灯时，他虽然试了 1 万次不同的材料做灯丝都失败了，但他并未气馁，爱迪生说，经由这 1 万次的实验失败，我已经知道有 1 万种材料不适合做灯丝。换言之，之前的每一次失败，都让爱迪生越来越接近成功。

年轻人正处于人生的尝试阶段，所以失败是在所难免的。我们需要记住先哲的一句话：“生命中的每个失败，每个伤痛，每个打击，都有其意义。当你正视失败，并把失败看作成功的基石时，成功就会莅临在你头上。”

第 10 章
谁的青春不迷茫，关键要保持自己的信念

有人说，人生就好比一场比赛，谁都希望万事如意，但实际情况是，我们不可能常处顺境，有时候你会被淘汰出局，只要你继续参加比赛，就有希望存在，总会获得让你满意的成绩。信念具有无坚不摧的力量，我们想要摆脱人生的困境，你要记住让希望的阳光照进心田，要努力拯救自己摆脱困境。

找到人生的拐点，方能破除迷茫

30岁以前，年轻人总会有很多改变自己命运的机会，也许是一次不经意的交谈，也许是一次进修，也许是一次研究生考试，也许是自己一个微不足道的想法，总之，有那么一个偶然，也许命运的轨迹就会向着完全不同的方向划去。很多人都管这些叫作命运，本人认为除了偶然的因素之外，人们根本的命运在于自己的努力。机遇会在每个人面前出现，然而只有勇气与眼光俱备，才华与能力都积累到一定程度的人才能够抓住它。

年轻人处在事业的起点，但要积极地寻找人生的拐点。人生就像一座迷宫，找到属于你的那个拐点你才可能走出迷茫，到达生命中的成熟境界。

很多时候，人们总是在众多的拐点处迷失自己，以为前面有一条笔直的大道等着自己，实际上这条路没有多长，还是个死胡同。不过要相信自己以前走过的那些并不是冤枉路，如果你没有试验过那些路能不能走通，怎么知道哪一条才是属于自己的路呢？人生最可悲的是在重复的道路之间绕来绕去，以为自己走过了很长的路，其实不过是在原地绕圈子。

大多数年轻人，都在人生的迷宫中兜兜转转，到生命的终点都没有弄明白自己到底迷失在了那里，自己到底错过了什么。寻找自己人生的拐点，并不是一件简单的事，它需要足够的勇气和经验，需要高明的眼光和果断的判断力，需要果断地拒绝一些不适合自己的诱惑。当人们选择了一些东西的时候，就拒

绝了一些看起来同样美好的东西，也许会因此而惋惜，却不用后悔。

哪些才是适合我们命运的拐点？机会时时处处都会出现，但显然有一些并不属于我们。就像在迷宫里，处处都会出现拐点，可那些并不都通向出口。当我们和众人挤破了头，抢到了一个机会时候，也许会突然发现，那不是命运的拐点，也许只是一个陷阱。记得一个朋友毕业以后，和三个同龄人一起进入一个日企，可是注定要淘汰两个竞争对手，于是平时懒散的他破天荒努力起来，当然，最终他胜出了，可就在同时，他陷入了两难境地：一是他的性格与企业文化格格不入，他总是要非常谨慎，高度紧张，才能不犯错误，而几乎每天的工作时间都变成了一种灾难；二是那份好不容易争取来的工作，其实对于他就像块鸡肋，待遇还可以，但发展前景并不好。退出吧，觉得是自己好不容易才争取来的；继续吧，实在没有多大价值。

很多时候，年轻人常常因为一时的冲动，或者因为有竞争，才觉得某个位置无限美好，事实上仔细观察清楚后，发现它并不是那么诱人。有一个小故事：一位老农把喂牛的草料铲到一间小茅屋的屋檐上，看到的人不免感到奇怪，于是就问他“为什么不把草放在地上让牛吃” 老农说：“这种草草质不好，我要是放在地上牛就不屑一顾；但是我放到让它勉强能够得着的屋檐上，它就会努力去吃，直到把全部草料吃个精光。”不可否认，很多时候，我们就像那些牛，总觉得自己努力争取到的才是最好的，结果它可能是最差劲的。

很多时候，面对外界那么多的诱惑，要学会分辨，哪些才是适合自己的人生机遇，哪些不过是人为的伪装出来的陷阱。要知道，在这个宣传大于一切的社会，任何表面风光无限的东西，都可能是炒出来的，其原料也许是一堆垃圾。

年轻人处在事业的起点，连做梦都会想一个好机遇突然降临在自己身边，但是当你突然遇到这样的机会的时候，希望你睁大眼睛，看清楚那是一个肥差还是一块肋骨，不要盲目地争取。但是，当遇到真正适合你的人生的机遇的时候，也希望你果断地抓住它。抓住机遇其实很简单，当你的努力到了一定程度的时候，自然就有适合你的机会降临在你身边，在这之前，你只要具备足够的能力就好了。当然，展示自己的能力，让关键人看到你的才华也是积极创造机遇的方式之一，但我希望年轻人不要忘记，你最重要的任务，其实最先、最重要的是做好自己应该做的事。

其实很多事例都会告诉人们抓住机遇，但很多人都会忘了在这同时躲避诱惑和陷阱。很多年轻人都在观察四周，东张西望中错过了适合自己的机会，如果一个人整天忙着捕捉机遇的话，常常会忘了自己的正事。所以我同时希望你不要逢弯就拐，找到真正属于自己的命运的拐点，再去做转弯的试图，最终才能让自己的命运走上一条上升的道路。

沉淀自己，孕育成功的种子

年轻人总喜欢说“是金子在哪里都会发光”，可是也要承认，大多数的年轻人都不是自以为是的“金子”，金子生来就具有某种天赋，它难以切割，数量稀少，所以成为价值的代替品。大多数的年轻人并不是生下来就具有某种天赋，不过大多数人通过自己的勤奋，都可以发挥出最大的能量。这点倒像一些种子，只要有合适的土壤，他们就能够生根发芽，成长为有自己价值的东西。

一个人如果总抱着“是金子在哪里都会发光”的心态，就难免会骄傲自大，不屑于那些平凡的工作，抱怨没有伯乐来赏识自己这匹“千里马”，觉得自己怀才不遇、有志难伸，渐渐地就会变得消沉，这时候就算你真的是一块金子，也会蒙尘，不被人发现和重视了。现在一部分年轻人往往心高气傲，总有一种

优越感，而且越是学历高，学习成绩好的那部分年轻人往往越是骄傲。其实，在目前，不用说受过高等教育的人越来越多，就算是海归也随便就能碰到，过去所受到的教育已经不能代表什么。

就业就像把一盘原本下到输赢已定的棋局一把搅散，重新开局，这个时候，决定胜负的并不是你原来取得的成绩，而是你以后需要做的努力。

你的家庭的社会地位，你的原本成绩可能在就业的路上起到一定的作用，但它们的作用都是有限的，最终如何还是取决于你自己的努力。把自己当成一块等待发现的金子，等于把自己的命运交到了别人的手里，把自己的前途寄托于一双能够发现你的眼睛，这样的心态，你觉得前途可靠吗?

我倒希望年轻人能够安下心来，把自己当成一粒未发芽的种子，无论是饱满还是干瘪，只要有适合自己的土壤就能够长得枝繁叶茂。著名的“杂交水稻之父”袁隆平有一句名言：“人就像一粒种子，健康的种子，身体、精神、情感都要健康。我愿做一粒健康的种子！”金子有再多的光芒，价值终究有限，而健康的种子则代表了无限发展的可能。这个世界上不可能到处是金子，然而每个人都能通过自身的努力当好一颗能够生根发芽、能够为这个世界增添价值的种子。

金子的高明在于它的天赋，种子的高明在于它的潜力：金子之所以有价值，之所以昂贵，完全是它的自身条件决定的。金子承担的是交换价值的角色，它本身没有任何价值，因为它储量少，体积小，密度高，难分割，才能够担当交换价值这一角色。这就像某些天才，因为天生拥有异于常人的禀赋，如对数字或者语言，或者其他方面有非常高的敏感度，最终成为天才。可是这个世界上天才毕竟是少数，即使天才也需要勤奋努力，才能取得成就。

我记得微软公司曾有一个非常有名的应聘故事，说一个人学历并不高，心血来潮之下去微软应聘，人事部主任问了他几个有关软件方面的问题，这个应聘者对此一无所知，人事部主任摇了摇头。第二天，他又去应聘，回答了昨天的几个问题，这次，人事部主任同样又问了几个更深层级的问题，他又无法回答，不过第三天他又来了，回答了这几个问题。如此反复几次，招聘人员觉得非常奇怪，问他为什么不现场回答问题呢，他说自己对这些并不熟悉，都是临时学习的。微软公司最后通过会议，决定录取这个应聘者，理由是“IT 业是一个变化非常迅速的行业，需要非常高的学习力，而这个人的学习能力证明，他的潜力是无限的”。

年轻人谁都无法确定自己是一个天才，可是只要足够用心，你会发现自己的潜力是无限的。

种子心态比金子更重要，通用汽车公司的一位人力资源负责人曾经这样说：“我们在分析应征者能不能适合某项工作时，经常要关注他对目前工作的态度。如果他认为自己的工作很重要，对工作很认真负责，就会给我们留下很深的印象。即使他对目前的工作不满意也没有关系。为什么呢？因为如果他认为目前的工作很重要，那他对下一份工作也会抱着认真负责的态度。我们发现，一个人的工作态度跟他的工作效率有很密切的关系。”

如果一个年轻人，对环境薪金不满意的工作，都十分的责任，丝毫不会马虎，那么对于各方面都满意的工作，他就会更加用心。这就是种子心态，“无论环境好不好，土壤是否适宜，我都要发芽，都要更茁壮地成长，这就是我的价值所在”。如果年轻人都抱着这种态度做事的话，那么我相信很快你就能被生命中的伯乐所发现，实现你的价值。

纷繁尘世，要主宰自己的人生

尘世繁华，年轻人生活在这个繁华的尘世当中，难免会被一些俗事杂念影响了自己的思想和观念，难免会感到迷茫。现在这个时代，是一个各种价值观念充斥耳边的时代，各种思想并存的时代。面对这一切，我们极容易对自己从小树立起来的价值观感到动摇，极容易感到茫然无措，这一切并不是年轻惹的祸，也不是年龄可以解决的问题，一个人是否清醒取决于他的信念和意志，取决于他是否有主见。面对这个浮华的尘世，有自己的主见，不人云亦云，不盲目攀比，才能够更成熟，更容易成功。

30 岁以前，很多年轻人往往被短期的利益蒙蔽了自己的视线，做出一些错误的，对我们的人生有伤害和损失的判断来。只有坚定的信念才能让年轻人避免短期利益的诱惑，从而看得更远、更清晰。这个世界上总有这样那样的诱惑，而又总有各种荒谬的、不堪一击的理由来支撑着那些丑陋的诱惑，使它外表上变得无懈可击。事实上，难道我们真不知道它是错误的吗？难道不知道这些会造成严重的后果吗？可是我们更相信侥幸。

比如贪污受贿，再比如前些年甚嚣尘上的一些传销活动，人们一开始可能真受了蒙蔽，那是因为唾手可得的短期利益蒙蔽了我们的眼睛；也可能对自己的某些行动真的觉得不对，可是那些狂轰乱炸的理论比如“金钱至上论”，“只要你成功了，谁管你的钱是怎么来的”等让人们觉得那可能就是真的，觉得可以侥幸。面对让人眼花缭乱的各种诱惑，这一代的年轻人可能有着自己的优势。

我有学问，有学历，有能力为什么要做那些无聊的事，而不凭着真本事闯一番自己的事业？但同时年轻人也有着自己的迷惑，为什么别人年纪轻轻就自己创业，而我却不可以，却要忍受上司的脾气、别人的嘲笑？为什么他可以拥有那么好的职位，我却得在这个破公司窝着？为什么别人可以买房买车银行贷款，我却必须忍受处处受限的生活？为什么别人不过每天盯盯盘，就可以潇洒度假，我却要拼死拼活地做工？为什么别人凭着一副谄媚的小人嘴脸就可以升职，我却要受这种窝囊气？

人和人是不一样的，你在羡慕他人的同时，别人也在羡慕你。你只了解自己受的那些气，只觉得自己委屈，可却没尝过别人担惊受怕，或者背后挨骂的滋味。每个人都有两面，有的人表面看起来风光无限，可是背后也许正在流泪；有的人表面看上去含辛茹苦，却乐在其中；如果你只看到事物表面的东西，就对那些繁华的表面动心了，就羡慕嫉妒了，那你遭受到的痛苦就会非常大。

不要迷失自己，不管你对这个世界有多么的不确定，至少有一件事是确定的，你付出多少就会收获多少；只要你做的事是人们所承认的，对于人们有正面的价值，你就会受到人们的尊重，只要你有足够的坚持，最终就能收获成功。不管社会上信奉怎样的价值观，不管那些价值观看起来有多诱人，年轻人都应该有自己的思想、自己的主见。

一个人凭什么和另一个人不同？是凭着他们的思想，对于各种事情有自己的主见，有自己的一套见解，这往往会让你变得与众不同。不同的观念就是一个人胜出的关键，股市上为什么大多数人都在砸钱，而只有少数人能够一夜暴富？因为大多数人都在跟风，都在听专家的话，对于自己选的股票没有自己的见解，而只有少数的人会有自己的见解，对于股票的价值心中有自己的衡量，属于“有谱”一族，所以他们不管操盘手怎样操作，盯到的就是公司整体价值的提升，他们自然会“稳赢”。

对于任何事，都要有自己的主见，30 岁以前，大多数人往往是不成熟的，容易模仿，也容易受到周围人的影响，爱攀比，爱炫耀，爱追逐一些奇怪的时

尚；性格不定，价值观也极容易改变，这些都是幼稚的表现。但是，现在我们根本不可能真的心智有多成熟，毕竟年轻人还有很多待改变的地方；所以，要根据自己的特质，跟优秀的人在一起，读引导性的正面积极的书籍，不断坚定自己的信念，这些都可以免除因为青涩幼稚而犯下荒唐的错误，可以避免迷失自己。

有自己的主见，有自己的追求，不轻易被迷惑，不摇摆不定，是一个成熟的人最大的优点，保持头脑清醒，坚持自己的信念，可以让你更快走向成熟。

屡战屡败，也要屡败屡战

挫折对于每个年轻人来说，都是必经的阶段，在 30 岁以前经历挫折，总比在30岁以后摔倒要好得多，要知道人的年龄越大就越不经摔。人们常常说“小孩子要摔一百个跤才能长大”，我们不妨把平日里自己遭到的打击，当成人生必须的一种历程吧，遭一次挫折，吸取一次教训，挫折受够了，成功也就到来了。

能够为自己加油喝彩，无论是取得成就还是遭受挫折都会自我鼓励和自我安慰的人，是最乐观的人，这样的人能够最快地从逆境中爬起来，最快地吸收经验，最快地成长。成熟的人要知道你必须自己爬起来，擦干眼泪，才能够更快地成长。

跌倒之后哭泣并不能改变什么，但能够宣泄自己的不良情绪，学会宣泄也是一种成熟。如果对于年轻人来说，立刻站起来真的是强人所难，那么哭一哭吧。每个人的人生都有低谷，遭到打击任何人都不可能高兴，我们要做的是：

第一，把自己的情绪宣泄出去，无论是伤心、愤怒、失望还是消沉，把这

些讲给你最亲近的人听；甚至是找个隐蔽的地方大哭一场，或者找个不介意自己脾气的人发泄一通。只有懂得合理发泄的人才不会真正受伤，懂得发泄是一种自我保护。玻璃为什么容易碎？因为它总是自己承受力量，皮球为什么总是那么坚韧，因为它会把受到的力传给地面。

第二，当你觉得宣泄完了不良情绪，心中空空的时候，找点令你高兴的事来做，或者冷静下来，思考一下自己到底犯了什么样的致命错误。人不会无缘无故受挫，只有你违背了规律的时候，无论是自然规律还是社会规律，你才会受挫，遭受打击。总结经验对你来说是必须的，因为只有从打击中获得经验的人，才能够不断进步，这样你才有能力迎接更大的挑战，才会在以后的工作中少遭遇挫折。

第三，为自己加油鼓劲，一个人跌倒后能不能站起来，取决于他自己的愿望。所以，无论有多少人鼓励你，你都必须首先从内心深处自己鼓励自己，自己给自己加油打气，这样才可能振作起来。阳光乐观的心态对于每一个年轻人都至关重要，把挫折当成一种必不可少的人生经历，才能够真正成熟起来。

无论遭受多少打击，一个人都必须再站起来才能实现自己的价值，不同的是有的人站起来了，却因为害怕再次遭受打击而止步不前了。而有的人，虽然同样害怕痛苦，害怕打击，但是他们能够自我激励，他们相信自己是绝对不会被打倒，被打败，被打碎的。就算在这里跌倒了，他们也会在别的地方站起来，最终走向卓越。

曾经听过这样一个故事，一个农民，只读了两年初中，17 岁辍学回家照顾家人。20 世纪 80 年代农田承包到户，他把一块水洼挖成池塘想养鱼，但干部告诉他水田不能养鱼只能种庄稼，他只好又把水塘填平。在别人眼里这成了一个想发财但是非常愚蠢的笑话。后来听说养鸡能赚钱，他借了 500 块钱养起了鸡，但一场洪水后，鸡得了瘟疫，几天内全死光了，当时的 500 元就像个天

文数字，他的母亲竟然受不了这个刺激忧郁而死。他后来酿过酒、捕过鱼，但没有一样成功。35 岁的时候，他还想着搏一搏，就四处借钱买一辆手扶拖拉机。不料，上路不到半个月，这辆拖拉机就载着他冲入一条河里。他断了一条腿，成了瘸子。而那辆拖拉机，被人捞起来时，已经支离破碎，他只能拆开它，当作废铁卖。

几乎所有人都说他这辈子算完了，可是后来他却成了那个城市一家公司的老总，手中有两亿的资产。很多媒体采访过他，很多记者带着不解问他：“在苦难的日子里，你凭什么一次又一次毫不退缩？”

他坐在宽大豪华的老板台后面，喝完了手里的一杯水。然后，他把玻璃杯子握在手里，反问记者：“如果我松手，这只杯子会怎样？”

记者说：“摔在地上，碎了。”

“那我们试试看。”他说。

他手一松，杯子掉到地上发出清脆的声音，但并没有破碎，而是完好无损。他说：

“即使有 10 个人在场，他们都会认为这只杯子必碎无疑。但是，这只杯子不是普通的玻璃杯，它是用玻璃钢制作的。”

这样一个自诩为玻璃钢的男人，是不会被任何打击而粉碎掉的。年轻人有着比他更好的条件，不应该比他有着更坚强的意志？有着更乐观的精神？我们不可能被击败，打败我们的只能是我们自己。无论何时，用阳光的心态来自我激励，自我安慰吧，乐观和成功的信念将会击败一切生活中的阴霾。

委身求人，积蓄力量

每个人的命运都掌握在自己手里，只要你有这样的信念，就能够主宰自己的人生。你现在所拥有的一切，你现在进行的努力，都是为了能够让自己主宰命运。年轻人常常觉得，只有自己创业，拥有自己的事业，才能够掌握自己的命运。其实，并非如此。

说实话，自己创业的人有求于人的地方更多，打工，你看老板的脸色；创业，可得看所有客户的脸色，这个世界上还没有谁能够实现真正的自由，完全凭自己的喜好做事。除非你真的安贫乐道，或者达到一定的高度。

有句话说得好，那些当爷的人，也曾当过孙子的。年轻的时候，你不想有求于人，不想向别人低头，在以后的岁月里，你会发现，当你年龄一大把的时候，你还要舍出老脸，给别人弯腰鞠躬。成熟的人都懂得这个世界上没有谁不需要帮助，不需要求人，只有互相帮助，才能实现双赢。

命运掌握在自己手里，意义包含两层：一层靠的是个人的努力和意志，另一层靠的是别人的帮助。不要因为现在你有求于人而觉得羞耻，只有幼稚的小孩子，才会觉得靠自己就能够成功。有求于人，或者从事着一份卑微的工作并不是什么丢人的事，因为工作和求助带来的同样都是进步，只要有进步，你就会慢慢变得成熟，变得成功起来。

坚持相信命运并不是上天的赐予，而是自己的选择、自己的努力和大家的帮助的结果，这一点有助于你更快成熟起来。怎样把命运掌握在自己手里？怎样才能不必做自己不情愿做的事？怎样才能让自己觉得我的一切都在“掌握之中”？年轻人，常常很茫然，觉得“工作很痛苦但是还必须忍受，因为我需要生存”是一件很悲惨的事；常常觉得自己没有时间做自己喜欢的事，没有资本

按照自己的喜好做事，觉得非常痛苦。的确是这样，如果你没有办法把握自己的生活，像歌里唱的“有时间的时候没钱，有钱的时候没时间”，的确是一件很遗憾的事。

命运的第一步就是“选择”，这个词看起来很简单，但做起来肯定很难。就娱乐来说吧，你是想赚更多的钱，取得更大的成就还是想快快乐乐享受自己的青春？每个人的想法不一样，我们有必要尊重所有人的想法。如果你想的是功成名就，想的是最终我要成功，成为一个卓越的人，那么势必要舍弃一些玩乐时间，别人工作 8 小时，你要工作 12 个小时，另外的 4 个小时是超越别人需要花费的时间。如果你想的是人生苦短，你最想要的就是让自己的生命都享受掉，那只要获取了足够的生存资本，其他的时间随便你，为了度假、游玩去请假也是一件很平常的事。

人生没有两全，只要你觉得自己所选的是对自己最好的，最有价值的，那就是一种成熟。不用活在两难之中，不用勉强自己做不喜欢的事，这也是对自己命运的一种掌握。

为自己的选择努力拼搏，能够把命运掌握在自己手中，这对于很多人都是适用的。一个人的努力，可以改变因为家庭，环境而造成的不好的现状。命运一半是上天的赐予，一半是个人努力的结果。你生长在一个什么样的家庭，受到了什么样的教育，谁都无法改变，可以改变的是你自己，通过个人的拼搏，你完全可以改变周围的环境、自己的境遇，这样你就把命运掌握到了自己的手中。土地贫瘠还是肥沃，谁都无法改变，可是只要有足够的努力，种上适合的作物，每一块土地都能够有不错的收获。

自己做规划，并按照自己的计划做事，这是把命运掌握到自己手中的具体方式。如果你发现事情的发展是在自己的意料之中，你就会意识到，原来我也可以掌握事物的发展，原来我也可以掌握自己的人生。这种感觉非常美妙，只

有按计划行事的人，才能体会这种感觉。

把命运掌握在自己手里，不仅仅是说说而已，还必须有自己的一套实施方案，比如按计划充电，按计划请客交友，寻找贵人，谋划升职，当你完成人生的一个阶段，再回顾时，你就会感叹原来人真的可以掌握自己的命运。

思路明确，就能找到出路

30岁之前找不到人生的出路，并不可怕也不奇怪，要求30岁有怎样的成就，怎样令人羡慕的地位是不现实的。

更何况是现在的年轻人，人们都说苦难使人早熟，而现在30岁之前的年轻人都是80后，80后是从小在蜜罐里长大的。一个总是在幸福呵护中长大的年轻人，迷茫、缺乏方向感，不懂得怎样实现自己的价值是必然的。这是一个集体迷茫的时代，一方面是个人的原因，一方面也有社会的因素。社会正处在一个转型期，各种价值观念发生着碰撞，就连四五十岁的成年人都有一种迷茫感，更何况是30岁之前的年轻人呢？

不过，迷茫、找不到出路并不可怕，只要你有着自己的信念，有着明确的思路，那迟早会找到自己人生的出路。可以说，年轻人现在是比较清醒的，对自己的前途也有着自己的期待和规划，尽管这种规划还处在相当模糊的阶段。想一想以前未受教育的年轻人，他们二十几岁的时候只不过是懵懵懂懂地过日子，谁懂得去规划一个未来呢？相对而言，这一代大概是处在刚刚醒来，所以迷糊的阶段吧。

有人说80后是“失梦的一代”，失去梦想，满眼现实。有梦想是好事，

但重视现实又有什么不对呢？为自己的将来规划一个可期的、现实的、明确的目标，不是比梦想更重要的一件事吗？为自己的将来寻找一条出路，不是每个人必须有的意识吗？从现在开始，年轻人就可以思考自己将怎样成功，这并不可耻，只有个人有明确的思路，个人成功，集体才能壮大，才有将来。

30 岁之前，你一定要弄清楚自己可以做什么，很多年轻人之所以一事无成，是因为他们有着太多的选择，有着太多的目标，太贪心，反而一无所成。想做什么是一回事，能做什么是另一回事。一个人能做的事情，能在哪个领域获得成功，其实是非常有限的。看看你的父母是做什么的，看看你受过的教育是哪方面的，看看你的兴趣、你的天赋在哪儿，看看你的机缘在哪里，这一切就是你可能做的事情、可能的出路。

比尔·盖茨从小就对电脑软件感兴趣，他大学就读于哈佛的计算机专业，最终他的出路就在计算机领域；毛泽东的父母都是农民，但他遇到了陈独秀，所以走上了革命的道路；李嘉诚从成年开始就处在受雇和雇用别人的环境中，所以他成为了一个商人；杨振宁的父亲就是科学家，另外有很多学者、科学家的家族就是知识分子家庭，从小耳濡目染，自然选择了知识领域。

你在一个怎样的家庭中成长？你最熟悉哪个领域？你在学校受到了怎样的专业教育？你的天赋在哪里？你工作后遇到了哪些贵人？从这些因素中就能够找到你最终的出路，找到你最适合在哪个领域工作。只有最幼稚的人才会说“给我一个杠杆，我可以撬动地球”，成熟的人懂得用最短的时间弄清楚自己可以做哪些事，最擅长做哪些事，然后从这方面寻找契机，进行努力。

找到了自己适合哪条路，就在这条路上走下去，在不同的行业，完全不交叉的职业中转来转去，跳来跳去，是对人生最大的浪费。在你选定的领域中坚持下去，你最终就能走到事业的顶点。

现在就想一想，你事业的顶点在哪里？你可能达到吗？对于你来说你人生

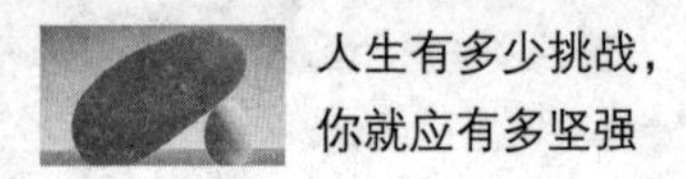

的顶点在那里你满意吗？如果答案是否定的，你可能还需要对自己的职业再考量，或者寻找比较熟悉的交叉领域作为人生的顶点。

阿西莫夫是一位科普作家，也是一位自然科学家。他的成功就得益于对自己的再认识，想清楚了自己可能达到的最高点。一天上午，当他坐在打字机前打字的时候，突然意识到："我不能成为第一流的科学家，却能够成为第一流的科普作家。"于是，他几乎把全部精力都放在了科普创作上，终于使自己成为当代世界最著名的科普作家。再如海岩曾经是个警察，也是个商人，然而令他最出名的却是他社会实践的结晶——他的文学作品。为自己的职业想一个可能的拓展前景，会对你的人生有更大的帮助。

一个人，只有对自己的人生有明确的规划，才能够成就更大的事业，那些今天想这样做、明天想那样做的人，他们的思想都是非常幼稚和混乱的。清楚自己可以做什么，清楚自己人生可以达到的高度，才是一个人成熟的表现。如果鲁迅没有写文章，我们就少了一个伟大的文学家；如果达尔文没有进入生物界，进化论就要晚上几十几百年；如果爱因斯坦致力于做一个小职员，世界物理要落后几百年。

清晰的人生思路，比现实的出路还要重要，清楚自己能够做什么，正在做什么，将要怎样实现人生价值，一个人才能变得更加成熟。

第11章 不去苛求，真正的成熟是让一切顺其自然

人们常说，人生苦短，人生旅途上，我们不可能总是被阳光照耀，我们总会遇到一些羁绊，世间万事万物，来来去去，本就没有一个定数，我们不能左右世事，但可以左右自己的心。因为生命本身就是一个个体验的过程，体验酸甜苦辣，看淡成败得失，凡事不必苛求，眺望远方，活在今天，坦然地走下去，这才是真正的成熟，也才能在平淡之中看见惊喜和美好！

把心放平，世界上没有绝对的公平

30岁之前，总有一部分人觉得这个世界太不公平了，这个世界太黑暗了，人性太复杂了，等等。我却觉得你追求的当真是公平吗？如果这个世界是公平的，你是否就满意了？

问一问你心底两个问题的答案，也许你就会发现，自己在意的从来就不是这个世界是否公平，而是这个世界不公平，我却处在弱势的一方。如果给你换一个位置，比如你是某官二代或者富二代，你大概会感叹幸亏这个世界是不公平的。你不相信吗？这可是好多人的亲身经历。

有一次，公司发工资了，许多员工都发现自己的工资卡上多了几十到100块钱，可是大家却没有在意这件事，认为也许是自己核算错了，说不定哪天自己多加了一个班？公司会计怎么会算错账？因此没有一个人去找经理要求退回多发的钱。可是第二个月，员工们却发现，自己的工资卡上少了几十块钱，于是大家都议论纷纷，结果发现很多人的工资数目都不对，于是大家想就算我一个人算错了，大家怎么会都算错，肯定是会计弄错了，大家找出了几个代表去找经理反映这件事。

经理来到车间，严肃看着这些员工说："你们大家都觉得很激愤吗？""难道是因为你们觉得会计算错了账才去找我吗？还是因为少发了工资才去找我？上个月每个人都多发了几十块钱，为什么没人吱声说会计算错了账？""这次

事件是我故意的，工资可以补发给你们，可是我要你们记住，你们在意的不是公司对你们是不是公平合理，而是有没有亏待你们。你们会迅速忘掉你们得到的好处，而只记得眼前的艰难处境，如果你们继续这样，你们就会一辈子陷在目前的处境里。”

这是当时很多人人生中上到的最重要的一课，所以，希望你以后不要抱怨这个世界太不公平了，而把自己的精力都放在怎样改变你目前的处境，怎样改变你所处的社会地位上。要知道这个世界没有绝对的公平，上帝决定你投胎在哪个家庭，这就已经是不公平的了。不要埋怨你的父母没有能耐，他们给了你生命已经是对你最大的恩赐；不要抱怨这个社会不够公平，他允许你作为一个人存在于这社会上已经是最大的宽容了。一个受过高等教育的大学生焉不知“离乱人不如太平狗”的道理？生活在这个繁华的社会，就是最大的幸福，不珍惜眼前的幸福，而胡乱埋怨才是对生命最大的浪费。

一个懂得感恩的人，应该把所有精力放在感谢这个社会给了你一个展现自己的环境，感谢人们爱好和平，感谢这个社会如此繁荣、如此进步，让你享受到前人所享受不到的快乐和自由、繁华和便捷上，应当为社会做出更大的贡献来回报这一切。

如果我们眼中只看到阴暗面，那么我们的人格就会越变越阴暗，越来越不懂得知足，不懂得感恩，这样的人即使有一天走上了成功的巅峰，也注定要因为自己的阴暗人格而失败。一个成熟的人懂得，只有永远从积极光明的一面看待这个社会，你的心理才会更光明，你才会更加乐观，这个社会才会永远都有希望，你的人生才会永远都有希望。

这个社会上没有绝对的公平，但是这个世界又是很公平的，它的公平之处就在于他已经让很多处在社会底层的人有了走上社会顶层的希望和途径；它的公平之处就在于每一个用自己勤奋和努力为这个社会做出贡献的人都被这个社

会认可；它的公平之处就在于只要你足够努力就会有回报，尽管也许并不等价；它的公平之处就在于处在社会上层的人，愿意把本应该属于他们的一份成果分给其他人，他们不必这样做，却这样做了。

所以，当你抱怨这个社会怎样怎样的时候，你应该想到，幸亏这个社会没有更糟；幸亏我没处在更糟的位置；我要怎样做这个社会才能变得好点？我的人生才会变得好点？这样成熟和积极的心态会帮助你早日登上成功的顶峰，同时让你成为一个让人尊敬的、品格高尚的人。

愤怒不是力量，它只能产生毁灭性的后果；人生的意义在于建树，只要有了建树，你的人生才可能有价值、有意义，你才可能被更多人认可和尊重，这就是天底下最大的公平。

反躬自省，让心沉静

曾子曾说“吾日三省吾身”，大概意思是说一个人每天都要多次反省自己，替人家谋虑是否够尽心？和朋友交往是否够诚信？老师传授的学业是不是反复练习实践了？反省的确是一个人从幼稚走向成熟的必经之路，也是最快的途径。

年轻人也许每一天都是浮躁与冲动的，常常静不下心来做事，为着微不足道的小事反复思量，或者做事情常常不经大脑，头脑一热就冲动地热血沸腾，好像真的发生了什么惊天动地的大事。难道我们真的需要如此吗？难道生活原本就是这样的吗？有这样一句话，至今仍然觉得非常经典，人生有几件绝对不能失去的东西：自制的力量，冷静的头脑，希望和信心。

年轻人从来都不缺少希望和信心，甚至有时候对自己过分自信，而缺少

的恰恰是冷静的头脑和自制的力量。你是否习惯在决定一件事之前，把方方面面都考虑清楚？还是一时心血来潮就决定做某件事？或者根据自己的直觉去做事，根本不会思考和考察？很多年轻人都是这样，他们做决定从来不做实地考察，不会从各方面去收集资料，决定某件事应不应该去做，而只凭自己的直觉和喜好。有些年轻人明明犯了错误，也不知道反省自己的行为，只把过错推给客观障碍或者别人，失败了也不懂得总结经验，只顾任性地颓丧下去。这只会让你日后的行为更不理智，更偏颇。

曹操是一个很少反省自己的人，当年他因为一时冲动，杀害了吕伯奢一家。可是他不懂得反省自己的冲动和错误，只说“宁可我负天下人，不可天下人负我”，结果在赤壁之战当中中了周瑜的反间计，一时冲动杀了自己帐下蔡瑁、张允两名熟悉水战的属下。如果他平时做事能够少一些冲动，多一些反省，就会在这时考虑一下，而不至于后悔了。

平时年轻人也很少反省自己，当中年人认为年轻人做事浮躁冲动，不计后果的时候，总有人觉得心里不舒服，觉得有失偏颇。可是你要承认，很多年轻人的确存在这种不足。难道你没有吗？回想一下，你是否也有更多心血来潮的时候，突然想要去做某件事，家人无论如何也不能劝阻？是否有时候一激动就不顾一切和别人吵翻了，决定辞职了，再也不能忍受了？希望你能够三思，找个时间冷静一下，反省一下自己的行为，是真的要去做这件事，还是一时性起？是深思熟虑，还是一时冲动？

当你做某个决定的时候，不要轻易就下结论，一定要用更多的耐心去考察，去反复论证，不断反省自己，不断考虑可能出现的情况。当你结束了一天的工作，不妨把今天的经历仔细地整理一下，看看自己有哪些需要改进的地方？看看自己一天中犯了哪些错误？

只有及时反省自己，我们才不会犯更大的错误，只有及时反省，我们才知道自己哪里错了，才能增长做事的经验，只有及时反省，才知道自己原来是这么幼稚。尤其是一个月、一年以后的反省更是具有巨大的意义。也许当时我们不理解很困惑，但是当我们回头看这件事的时候，我们就会发现原来自己是这么不懂事，尤其是人生的某个阶段，如“年少轻狂”，再如当我们内心烦躁的时候。

年轻人做事，往往只图自己痛快，很少替周围的人想一想，这会导致我们与周围冲突不断。事实上，我们认真地想一想，就知道自己平时有很多地方都考虑得不够周到，自己也有很多错误。无论是处世还是为人，都应该多反省自己，少要求别人，因为别人不会因你而改变，能够让你觉得快乐的方法就只能是改变你自己的做法。

儒家有很多思想是很实际的，个人的不停反思，才能导致集体意志的觉醒。一个人要想让自己更少碰壁，就要不断反思自己，自己“仁”“义”，才能影响集体，影响他人。年轻人应该用深刻的自省来洗去因为年龄问题而来的浮躁与浅薄、冲动，让自己冷静理智地对待事情，让自己慢慢平静下来，厚重起来，然后我们的内心才能感到一种安宁，才会感到快乐，这就是成长的真相。

放飞自己，就是成就自我

一个人在世上，总有许多执着坚持，许多万不得已，如果能够不要偏执，想不开，学会放飞自己，自然而然地去做事，去成功，对于自己未尝不是一种成全。人们常说“有心栽花花不开，无心插柳柳成荫”，如果自己明明栽不活花，却偏偏勉强自己去栽花，那就活得太累了，不妨放开自己去做一些想做的事吧。

陶渊明曾经有一首诗写道，“结庐在人境，而无车马喧。问君何能尔，心远地自偏”，意境非常好。我们常常在一种出世与入世之间矛盾徘徊，这给我们的人生带来无限的痛苦。海子曾经想过一种“面朝大海，春暖花开”的日子，这种日子几乎是我们每一个人的梦想，可是他最终也没有逃脱对世俗承认的追求。也许他需要的并不多，只要有生存的机会，有写诗的机会也就足够了，可是他卧轨自杀了。

一个人对于自己的生命有多么留恋，每个人都是清楚的，一个人如果不是执着到一定程度，是不会选择走这条路的。那么他到底执着在哪里呢？是对艺术苦苦追求而不得，还是对名利苦苦追求而不得？抑或是对自己生存价值的怀疑？

有时候，我们自己也会处在一种想不开、想不通的状态之中，非要经历一番激烈的思想争斗不可。这个时候，我们要学会放飞自己，没有什么是过不去的，过后想想，往往对自己曾经的纠结感到好笑。思想的痛苦，可能我们每个人都经历过，但是学会放飞自己的人，才会找到人生的一番新境界。

李白和杜甫是唐代的两个著名诗人，他们都曾经试图走仕途这条道路，而且在这条道路上百折不回、不屈不挠，结果他们却在自己之所钟情的那条路上几乎没有任何建树，反而在文学的路上有了一番大作为。想象他们如果不追求自己的仕途之路，可能他们人生中受到的折磨要少得多。屈原作为国家的贵族，他对他的国家有政治上的责任，他的诗文再好，也不能泯灭他作为一名大夫的责任，他对自己显然有着清醒的认识，他不能放飞自己。而五柳先生则洒脱得多，他一旦明白自己不能“为五斗米向小儿折腰”，就辞去了官职，一心做一位诗人，做一个农民。

做人能够像屈原那么执着，像陶渊明那么洒脱，都是一种极致，而我们大多数人的痛苦就在于不满意自己的位置，明明知道自己有一条逃脱的道路，可却想不开放不下，于是在欲海中苦苦挣扎，既苦了自己，让别人看起来也很累、很难受。人生最难过的就是挣扎，就是犹豫不决，很多人都不能痛下决心，自己到底是要奋斗还是要享受。

人生没有中间路，如果你希望自己能够出人头地，能有一番大的成就，能够成为成功人士，那就要对自己狠心一点，不怕吃苦，也不要怕风险，不怕失败，只要有这样的执着，就算你今天一无所有，你也肯定能有一番作为。如果你不想自己的人生活得那么累，就要甘于做一个小人物，做一个平凡人，那你也不会有精神上的痛苦，虽然日子会贫苦一点，会平凡一点，但只要细细体味，也有一种平凡的快乐。

可我们大多数人都处在一种中间的尴尬状态，既狠不下心吃苦，又不甘于平凡，于是我们整天怨天尤人，羡慕别人的好命，这一切都没有意义。想要走出自己现在的状态，就要学会二选一，平凡或者卓越。我们中的大多数都是平凡人，就算你现在还年轻，也不能保证你将来就一定能够功成名就，更不能保证你功成名就之后，就能够得到你想要的，那么你还想奋斗吗？如果还想，那么你就去不计一切后果，不计一切代价地努力。如果一边斤斤计较，计算着付出与回报是否呈正比，一边不甘于目前状况地努力，那么，你即使付出了艰辛，也会一无所得。

与其这样一边努力着，一边不甘着，两头都亏，倒不如放飞自己。不要那么执着，自然地去工作，自然地去成功。《哈里·波特》的作者肯定没想过自己会一朝成名，没想过自己会因为一部作品而名利双收。她不过要自己每天都过得踏踏实实，每天做自己喜欢做的事而已。如果我们甘于做一个小人物，不求闻达于天下，只是做自己的事，充实自己的人生，那么就算我们不成功，我们也会觉得自己的生活没有什么遗憾。

起码我们不会太痛苦，不会太折磨自己。放飞自己当然需要我们放下一些

东西，比如我们的名利心、我们的生活标准、我们对自己的期待、周围人对我们的评价。很多时候还要放弃很多东西，可这并不意味着我们将一无所得，你会发现，当我们放飞自己以后，会非常轻松，那种为什么所累的沉重终于从我们心头卸下了。我们能够从从容容地做人做事了，我们更愿意埋头工作了，我们不屑于看别人的脸色了，我们做事情更容易成功了。这大概就是一种成熟的状态，这种状态给我们带来的丰厚收获是我们所预料不到的，也许我们因此就成全了自己。

重视自己，就没有人敢轻视你

很多年轻人做事的时候，总是喜欢首先看别人的反应，首先征求别人的意见。这是一个很好的习惯，却不要过度培养。要知道，没有人比你自己更了解更重视你自己，当你惶惶然自己是否会给别人留下太坏的印象，自己的形象在别人眼里是否像个傻瓜的时候，大家已经把这件事忘掉了。

不要把自己看得过重，无论是你的成就还是你的过失，我曾看过一句名言："我们不会飞是因为我们把自己看得太重。"当有一个很好的机会摆在我们面前，而我们不小心搞砸了的时候，我们会不会反复向别人解释："我真的不是故意的，那天我真的不舒服。"或者我们做了一件自以为对不起别人的事，是不是会拼命企图解释清楚，直到别人不耐烦为止？或者当我们决定做一件事的时候，会反复征求别人的意见，即使你已经确定了别人给你的意见，却忍不住再三重复询问？

当你这样做的时候，希望你能提醒自己，没有人会比你重视自己，在你这

里无比重大的事情，在别人那里不过是一个调剂而已。如果你在马路上不小心摔了一跤，大家可能都围观嘲笑你，让你觉得无比尴尬、无地自容，然而，他们一转身就会忘记你的窘态，而去忙他们自己的事情，而你还在懊恼自己太不小心了，让人看足了笑话，还在这里羞愤欲死，这完全没有必要。

完全没有必要对别人的反应太过于敏感，一定要有自己的主张，一定要有平和的心态。曾听过这样一个故事，有一个大学生A，宿舍里有好几个很要好的兄弟。一天他突然想搞个恶作剧，就藏了起来，打算让大家找不到他，忙得焦头烂额时，再突然跳起来，吓大家一跳。可是，舍友们拥进了宿舍，又各自拿着饭盒走出了宿舍，嘻嘻哈哈去吃饭了，根本没有注意到缺少了他。他觉得非常沮丧，原来自己在别人的生活中是如此微不足道，对舍友们也很生气。可不久他就发现自己也一样，当伙伴中的某个人不在场的时候，自己也常常注意不到。

每个人最重视的就是自己，然后才是自己最亲密的人，然后才是和自己没有多大关系的人。虽然有的人能够注意到别人的感受，但没有一个人会把别人的感受放在自己的感受之前考虑。你今天讲了一个笑话，反应平平，说不定是因为别人各自想着自己的伤心事，哪顾得上开玩笑呢？你今天出了个大丑，觉得没脸见人了，说不定大家早已经忘记了，起码这没有他们自己的生活重要。

把自己看得太重的人，常常觉得自己了不起，容易处处飞扬跋扈，盛气凌人，一旦稍有不如意，就会愤愤不平；把自己看得太重的人心态容易失衡，往往喜欢钻牛角尖，走向极端。

其实每个人都希望别人很在乎自己，都希望自己很重要，可事实上呢？地球却少了谁都照样转，生活中没有了谁，大家都同样生活。懂得这一点对每个人都十分重要，因为如果你把自己看得太过重要，过于以自我为中心，就会把别人对你的一点点不公平、扩大化，就总会觉得自己受委屈、受屈辱，别人故

意欺负你，你就会自怨自艾，严重的时候就会激起对社会的不满，产生反社会人格。

因故意杀人罪而被判处死刑的马加爵，曾经因为别人不请他吃饭而认为是别人歧视他、看不起他，这就是过于“以自我为中心”的表现。如果我们每个人都有这样的想法，就会觉得每个人都应该尊重自己、敬佩自己，那么凭什么呢？是因为你做出了让大家都羡慕的事情还是你为大家带来了很大的好处，你本身有很高的价值？

年轻人，一定要把自己的位置摆正，一个人重不重要，是别人需不需要他决定的；一个人是否受重视，是由他的价值决定的。明白这一点，你才会懂得用建设性的方式帮助自己，懂得增加自己的价值，增加自己被需要的程度来提高自己的地位。这样你的心态才能平衡，才能从低层次走向高层次，实现自我价值，而不过于纠结于自己是否受重视，是否足够重要，是否被别人认同。

掌握简单生活的智慧

很多人常常都把这个世界看得特别复杂，想得特别阴暗，其实完全没有必要如此。虽然 30 岁之前正是人生“看山不是山，看水不是水”的阶段，但我们要尽量从简单处想事情，尽量让自己顺其自然，客观地看待事情，这样更有利于人生和思想的发展。

记得贾平凹在他的作品《废都》中曾有这样一段描述，庄之蝶的夫人牛月清买了一把抓痒挠，结果和别人的礼物重复了，就去商场退货。退货之前，先自己假设了一番说法，别人退又怎样，不退又怎样，是用文雅的态度去对待售

货员还是用泼辣的态度对待售货员，或者是先礼后兵？结果售货员却二话不说轻轻松松就给她退了。于是她的丈夫感叹：“我们常常把简单的事情想得复杂了，又把复杂的事情想得简单了。”

似乎我们年轻人每个人都是这样的，做事之前先想后果，然后再战战兢兢地去做事，这样怎么会有好的结果？而一件事情发生之后，我们也不肯放过，总要在心里面前思后想好几遍，看看别人哪个是对自己好的？哪个是明着微笑，暗里动刀的？这个世界上有那么多两面三刀的小人，我们总是防不胜防，因此做事每每也前思后想、瞻前顾后。

缜密思考、做事周密、处事委婉是好事，但是如果我们把自己陷入过于复杂的情绪，过于繁冗的事务，过于复杂的思考，对于我们做事反而是不利的。有时候成功就需要直截了当、简单明确。古希腊的佛里几亚王国葛第士曾经以非常奇妙的方法，在战车的轭上打了一串结。他预言：谁能打开这个结，就可以征服世界。但大家苦思冥想一直没有找到解开这串结的方法。直到公元前334年，亚历山大率军入侵小亚细亚，他来到葛第士绳结前，不加考虑便拔剑砍断了它。后来，他果然一举占领了比希腊大50倍的波斯帝国。亚历山大果断用剑砍绳结，舍弃了传统的思维方式，但是却用最快、最简单的方法解决了问题。

这不禁让我想起了巧解九连环的故事，与这个故事有异曲同工之妙。九连环是一种民间玩具，玩时，依法使九环全部联贯于铜圈上，或经过穿套全部解下。其解法多样，可分可合，变化多端。得法者需经过81次上下才能将相连的9个环套入一柱，再用256次才能将9个环全部解下。而最简单明了的方法就是一剑斩断，可见解决一件事情最有利的方法，往往就是最简单的方法，有时候，剥茧抽丝的方法还不如快刀斩乱麻。

可是我们常常把工作和生活想得太过于复杂，而让自己过得也特别累。有

一段时间，我情绪烦乱，想要发泄又惧怕给家庭带来不好的影响，于是拼命忍住，可是思绪万千总觉得自己受了委屈。就在这种麻烦当中，丈夫的啰唆终于让我忍无可忍，把一面玻璃镜砸到了孩子身上，结果弄得孩子满身是伤，幸亏没有伤及要害。从此得了教训，再也不胡思乱想，烦了就发泄一通，我们的感情却并没有因此受到伤害。

很多时候，我们生活中、工作中的麻烦都是自找来的，如果不是自己思绪万千，也许就不会觉得愤懑。别人的一句话，也许没有别的意思，而我们反复思索，就想出了很多言外之意，觉得别人在嘲笑自己、侮辱自己。唯一解决这种麻烦的方法，就是以简单对复杂，任你千变万化，逃不出我的一定之规。

记得宋太祖赵匡胤就用过这一招，开国之初，别的国家派来使臣恭贺，这位使臣学富五车，言语颇藏机锋，大家都不敢接待这位使臣，唯恐被嘲笑，或者在言语中泄露国家的机密。结果太祖向大家发问，哪几个大臣不识字，比较愚钝，大家举荐了几位，太祖就决定由这几个人去接见使节。尽管那位使节千伶百俐，这几个大臣却只会木讷地微笑，诺诺而言，就算激将法也没有办法。结果使臣没有打探到一点消息，只好灰溜溜地回国去了。

有一句话说得特别好，“把简单弄复杂是找事，把复杂弄简单是本事”，我们似乎都有这样一种本能：本来很简单的事，却会想地特别复杂，而未做就对这件事产生了恐惧之心，而真正做起来，却并不是那么麻烦。年轻人要学会把复杂的事用直截了当的方式去做，按照程序来办事，再复杂的事情也会变得很简单。如果我们内心把他复杂化了，那就真的变得很复杂。

人性也许是复杂的，但是归结起来也不过是“趋利避害”这四个字就能够阐述清楚的，如果我们能够用这几个字去站在别人的立场上想一想，任何的事情都会变得简单。所谓成熟就是简单生活、简单爱。

不去抗争，聆听生命的意义

人生最大的意义在于建树，可能我们面对不平，都有一种反抗的冲动，反抗的方式有很多种，一种是毁灭性的，一种是冷漠的，另一种才是建树性的。

例如，一个贫苦家庭出身的孩子，费尽千辛万苦从小山村来到了大城市，却未免受到歧视，你觉得怎样面对这些歧视的眼光才算合适呢？一种人会拼命忍受那些屈辱，直到忍受不住爆发出来，就会拼命地报复那些歧视的眼光；另一种人会对这些歧视的目光冷眼旁观，直到自己觉得麻木；或者用一种讨好的态度去对待那些眼光，不过效果也许并不好；或者用自怜的态度觉得自己非常可怜，一直到缩回自己的壳里；当然最好的一种是用自己的自尊去面对那些或者怜悯或者歧视的目光，用自己的成就去证明自己的实力，让大家开始佩服他。

年轻人不一定都受过歧视，但不可否认，某些年轻人忍受过别人质疑你能力的眼光，忍受过同事、前辈所说的“毛头小子”“初生牛犊”的论调。虽然因为一些浮躁自大的年轻人，使得社会上一些人群对80后有很不好的印象，觉得年轻人华而不实，做事不可靠，不踏实。

面对偏见，值得提倡的方式是沉默的反抗，既不辩解，也不承认，根本不要把这种事情放在心上，然后去做自己该做的事情。用自己的成果来改变人们对你的印象，而不要采取过激的行为来对抗。

生命是美好的，任何伤害生命以宣泄自己内心的不平或者和“强者”对抗的行为都是可鄙的，都是懦夫的行为。一个人的生命怎样才有意义？怎样才有价值？真的是在对抗中才会显示所谓的“意义”和“清白”吗？当年轻人都崇尚抗争的时候，你们是否想过坚韧才是解决问题的最好方式？

生命怎样才有价值？只有做出了一定的成就，被人们所认可、所尊重，这

时候才体现出个人的价值。只有你做的事情，给别人带来了好处，带来了方便，给这个世界增加了价值，你才有价值，你的生命才有意义。别人不认同，那是因为你做得不够好、不够多，不足以改变他们的看法。

南非总统曼德拉为了自己的政治目标，曾经度过了 17 年牢狱生活，甚至在牢狱之中，他都在改变身边犯人和监狱警察的暴躁性情，让大家都更平和一些、更友好一些，事实上，他做到了。而且最终出狱，并成为南非的黑人总统，让白种人和黑种人在南非处在一个平等的地位上，而并没有过激的反抗和暴力。印度的甘地也曾经发动过“非暴力不合作”的运动，这种坚韧持久然而并不暴力的行为最终获得了胜利。这一切也许并不痛快淋漓，可是痛快淋漓并不是能解决所有问题，起码年轻人不被接受的问题，就不能由痛快淋漓的反抗形式取得。

对于不公的愤愤不平，不能对我们的人生和社会产生任何价值，要想办法改变这种状态，就要对现状做出有建设性的改善的意见，而不是发牢骚和一味批评，一味悲愤。有些人对这些毫无知觉，只是鼓动人心对所有的事情产生不满，只是让自己处在一种愤怒和不满之中，这是哗众取宠还是幼稚？

对于轻蔑最好的回击方式就是证明自己是值得重视的，任何对于自己的人生有价值的思想和行为，我们都应该积极地去遵从，任何对于我们生命没好处的负面的想法，我们都应该把他从思想中驱逐出去。当你面对一件事的时候，希望你首先想到的不是这件事情是否公平，不是以暴制暴，不是反击，而应该是怎样想怎样做对我最有利，怎样做对大家最有利？要追求互利，而不要因为一时意气做出损人不利已、两败俱伤的行为。

人生有多少价值是你为这个社会做出多少贡献来决定的，也就是人生中有怎样的建树来决定的。价值不能通过毁灭和对抗来体现，金钱和名誉的意义就在于它反映了你为这个社会做出的价值。所以，它被我们所重视，被我们所追逐。证明自己最好的方式并不是对抗，而是做出别人不能反驳的贡献，体现自己的价值，这样任何人都不敢轻视你。

30岁以前，年轻人很容易意气用事，但如果我们一味用倔强不妥协、对抗的方式来处理事情，就很难开展工作，进而有自己的成就。所以，最有意义的思想和行为都是能够为你的人生增加价值的建设性行为。人生最重要的任务就是建树，能够为我们的人生增值的思想和行为才是值得鼓励的。懂得这一点会使我们更好地处理事情，使我们更成熟，使我们的人生更有意义。

第 12 章
处在人生低谷，积蓄勇登高峰的力量

我们不得不承认，人与人先天就存在差异，这是不可回避的事实。然而，真正的强者不是拥有完美的人生，而是勇于接受各种磨炼，只有这样，他的翅膀才会更坚硬，才能飞得更高、更远，这样的人无疑是高智商者，因此，即便你处于人生的低谷，也不要埋怨，请记住，上帝没有给你一条更为平坦的路，是因为他要让你更快成熟。

快乐工作，享受为梦想奋斗的过程

不要只把工作看成一种谋生手段，还应该把工作当成一种乐趣，只有这样你才会为工作投入，甚至会为它痴迷。

工作会给人带来什么，很多人回答是荣誉、金钱、人脉等。这些是工作给你的全部吗？不，工作给予你的是快乐，是对生活的调剂。

有一个问题是这样的：如果有一天你中了彩票大奖，得到1000万元，你的生活有哪些改变？据调查显示，有82%的人选择立即辞掉工作。当然也有例外，据报载，2003年年底，美国有史以来奖额最高的彩票被一个老先生投中。这位老先生是一家餐馆的侍应生，为这家餐馆工作超过20年。当记者问他辞掉工作后怎样安排生活，老先生回答，“不，我还要来这上班，因为我喜欢这份工作。”有了钱，可以不用靠工作来满足自身基本需求的时候，选择立即辞掉工作的人，他们只把工作当作获取生活费的一个手段。只了解这一面，工作就会变为一种苦役。其实，工作就是我们人生的一个重要组成部分，我每天的24小时，除掉休息时间，8小时的工作加上准备时间要占掉生命的一多半。所以要享受人生，首先要享受工作。不要只把工作看成一种谋生手段，还应该把工作当成一种乐趣，只有这样你才能为工作投入，甚至会为它痴迷，这时所有的困难都会变得轻松起来，因为工作已经成为一种快乐和享受。国外一家报纸曾举办一次有奖征答，题目是“在这个世界上谁最快乐”，从数以万计的答案

中评选出的四个最佳答案是：作品刚完成，自己吹着口哨欣赏的艺术家；正在筑沙堡的儿童；忙碌了一天，为婴儿洗澡的妈妈；千辛万苦开刀之后，终于救了危急患者一命的医生。

由此可见，工作着的人是最快乐的。确切地说应该是：正从事自己喜爱的工作的人是最快乐的。而从另一个角度来说，不快乐的人，往往是生活中没有自己喜爱的事可做的人。我们常常认为，只要准时上班、按点工作、不迟到、不早退就是完成工作了，就可以心安理得地去领所谓的工资了。可是，我们没有想到，我们固然是踩着时间的尾巴上、下班的，可是，我们的工作很可能是死气沉沉的、被动的。其实，工作就是工作，它永远不可能像休闲度假一样充满了新奇和喜悦，关键是你如何在其中寻找并创造乐趣。对于自己所从事的工作，爱与厌，苦与乐，大都存乎一念之间。有人成天郁郁寡欢，抱怨自己的工作不好；有人天天心情舒畅，把工作当享受。“七十二行，行行出状元”。这不仅强调了每一项工作的重要，更说明了每一项工作都大有可为。

干好工作首先要热爱工作，而热爱的前提之一，就是找到工作的乐趣。之所以提倡寻找工作中的乐趣，主要是有些人感觉不到工作的乐趣，甚至仅仅看到了工作的难度与压力、艰辛与枯燥。善待工作、热爱工作，我们才能变得轻松、变得从容、变得愉快，进而有所成就。

疏散压力，别被压力击垮

当我们处于压力的困扰中时，找一个释放自己内心感触的港湾也是一种别致的情怀，暂时忘却也是一种美丽的境界。

在闲暇时走进公园，在观赏美景的同时，放松一下身心，体味美好的生活。走近喷水池，看着高高喷射出的银花，我们不假思索地就会明白这是压力的作用。

就像喷水池我们经常见到一样，生活中的压力也处处存在。有压力才会有动力，有动力才会让生活有质感。话虽如此，人们面对来自各方的压力却让心时常找不到自己，看不清方向。

即使你可以逃避，但也只是一时，问题仍然会在下一刻侵扰你的内心。压力给人以苦恼，因此有太多的人一直在寻求解密，让心在失衡的现代社会中找到属于自己的天堂与乐园。但是各种困扰却会层出不穷地出现在我们的人生里，它似乎变着花样悄悄地来到我们的身旁，伴着岁月与我们一起成长。如果你能驾驭它，就能成为它的主人；如果你任由它肆意增长，它会成为你人生的一大主题，让你的悲情生活一遍遍上演。这或许就是生活的乐趣。

在一次煤窑施工中发生了瓦斯爆炸，煤窑严重坍塌，唯一的出口被厚实的泥土严严地堵死，在矿井中作业的5位矿工被困在里面。幸运的是，矿井里刚好有足够的食物和水源。这给被困矿工赢得了极大生机。他们找到各自的位置，安静地坐下，等待着窑外的人们来救援。时间在死寂的黑暗中震颤着。一天、两天……一个星期过去了，他们支着耳朵，却始终没有听到渴望已久的声音。有人开始烦躁，有人发出凄厉的尖叫。大家已无法承受恶劣环境带来的巨大的精神压力，都快要崩溃了。突然，他们听到“啪”的一声。黑暗中有人吼叫起来，“谁，他妈的谁打我？”一个黑影朝4个伙伴咆哮着，4个伙伴都开始辩解。可黑影就是纠缠着他们不放，审犯人似的一个个详细审问，甚至问得有些不着边际。为了免受冤枉，4位工友还是认认真真地回答。直至个个哈欠连天，声称被打的黑影这才闭了嘴，没趣地倒在一旁呼呼大睡。过了许久，大家都睡醒了，又听到“啪”的一声脆响，这次挨打的是另一位工友，只见他捂着脸，

怒不可遏地号叫起来，径直扑向第一个挨打的黑影。双方都不示弱，幸好其余3位工友眼疾手快，死死把双方抱住，两人才住手。为此，大家你一言、我一语地理论起来。

类似的情况在每位矿工身上都发生过，其中一位脾气很好的矿工连续挨了三个耳光，最后忍无可忍，勃然大怒。就在他们整天为耳光的事纠缠不清的时刻，头顶一丝微弱的亮光提醒他们，有人来救他们了。至此，他们在井底足足被困了 23 个日日夜夜。你知道这几个工人，最终为什么能活下来吗？在黑暗中相互猜疑，以至于互相大打出手，在这种"自相残杀"的状态下，他们竟然存活了 23 个日日夜夜，这都是因他们处于压力之下，利用压力，转移了自身对恐惧的注意力。

能够控制压力，让压力给自己以积极的作用，你的人生才会大踏步地接近成熟。但生活中的很多人已经习惯了在可以选择前进时去选择无所作为，因为前方有太多的苦难要去面对。很多人在能够挑战自己、改变生活时选择了维持现状，因为现实的压力让他们觉得自己进退维谷。哲人说："谁要是害怕走崎岖的山路，谁就只好永远留在山脚下。"谁要是不能在压力面前站直了，不趴下，谁也就永远只能在原地踏步，苦闷地思考自己为什么不能拥有收获的喜悦。

知道控制和利用压力的人，才是生活中的强者，即使你做不到这点，能让自己学会释放压力，让生活变得轻松、恬静，你也是一个善待自己的人。

压力与心态也是紧密相连的，把握好自己的心态，管理好自己的情绪。让压力降到最低程度，适当地释放，会是一种很不错的方法。

如果你也把握不好自己的心境，或者你心乱如麻，暂时的忘却也是一种美丽的境界。现实人生中，当我们处于压力的困扰中时，找一个释放自己内心情绪的港湾也是一种别致的情怀。暂时忘却能让心得到抚慰和歇息。让心拥有一刻的洒脱，释放心中的苦闷，得到暂时的宽慰，然后正视自己，面对生活。

发现优势，在自己擅长的领域内更易成功

在成功心理学看来，判断一个人是不是成功，最主要的是看他是否最大限度地发挥了自己的优势。

扬长避短的做法不管在哪一个领域都有着非常现实的意义，每个人都有自己的闪光点，这也就是我们所谓的长处，是自己的优势所在，如果我们将它进行深度挖掘、投资，你会惊喜地发现，你的行动往往会取得事半功倍的效果。

美国微软公司总裁比尔·盖茨有一句口头禅："做自己最擅长的事。"这句话被众多的企业家所认同。如果你留心那些成功人士，就会发现他们的一个共同特征：不论智商高低，也不论他们从事哪一种行业、担任何种职务，他们都在做自己最擅长的事。

在美国，一个关于成功的寓言故事至今广泛流传。看完这则寓言，或许你就会对"善用其长，不显其短"有更深的体会。为了给自己"充电"，森林里的动物们开办了一所学校，开学典礼的那天，来了许多动物，有小鸡、小鸭、小鸟，还有小兔、小山羊、小松鼠。学校为它们开设了5门课程，分别是唱歌、跳舞、跑步、爬山和游泳。第一天，老师决定上跑步课，小兔子兴奋地在体育场跑满了一个来回，自豪地说，我能做好自己天生就喜欢做的事！可其他小动物，却有的噘着嘴，有的耷拉着脑袋……小兔回到家里对妈妈说，这所学校太好了，我实在太喜欢了。第二天一大早，小兔子蹦蹦跳跳地来到学校。老师宣布今天上游泳课，这时小鸭子兴奋得一下跳进了水里。天生恐水的小兔子傻眼了，其他小动物也只能"望洋兴叹"。接下来，第三天是唱歌课，第四天是爬山课……学校里每一天的课程，小动物们总是有擅长的与不擅长的。

这则寓言看似很普通、简单，但却蕴含了一个深刻的哲理：要成功，小兔

子就应跑步，小鸭子就该游泳，小松鼠就得爬树。它的潜在寓意就是说，做自己最擅长的事情，最容易有所发展。

在竞争的路上，那些具有灵性、聪明的人都知道寻找最合适的方法。做擅长的事，走熟悉的道路，这就是通向成功的捷径。走捷径会使你摆脱很多不必要的干扰，走捷径会使你觉得成功近在咫尺。

盖洛普名誉董事长唐纳德·克利夫顿曾说过：“在成功心理学看来，判断一个人是不是成功，最主要的是看他是否最大限度地发挥了自己的优势。”可往往有些人不在意这些事，觉得天底下没有自己干不了的事，没有自己做不成的行业，盲目地“挑战极限”，结果也不言而喻。无论一个人具备多么好的天赋、多么高的智商，他也不会将所有能力收于囊中，难免存在优势与劣势。就才能而言，有人敏于感知，有人善于记忆，有人强于创造，有人思维活跃，有人逻辑缜密，有人判断客观，有人处事巧妙……既然人各有所长，也各有所短，那就应该处理好“长与短” 的关系。大凡聪明的人，都会懂得“善用其长，不显其短”的道理。一般说，善取长弃短者，都能将自己的优势发挥到最大化，反之“舍长就短者”，便难以称之为智者。

每个人的优势不同，善于发掘自己的长处，做自己擅长的事，其实这就是属于你自己的一笔宝贵的财富，将优势发挥到最大化，不断给予优势一定的营养，你会发现你正在将自己的财富升值。

命运给予你怎样的境地，都微笑以对

事已如此，生气又有何益？把快乐坚持到底才是人生最大的成功。

每个人一早睁开眼都希望自己能有一个好的心情，但要想做到“天天好心情”还真不是件容易的事。生活中会有很多突如其来的意外砸在眼前，令我们恐慌且不知所措，虽然大的意外并不多，但小麻烦却接二连三。当这些麻烦、障碍物被命运无情地抛到你的脚下时，你可以悲哀、失望，甚至哭泣。当然你也可以选择微笑着接受和面对。

大文学家苏东坡在《定风波·沙湖道中遇雨》中这样说：“莫听穿林打叶声，何妨吟啸且徐行。竹杖芒鞋轻胜马，谁怕？一蓑烟雨任平生。料峭春风吹酒醒，微冷，山头斜照却相迎。回首向来萧瑟处，归去，也无风雨也无晴。”这是他在去一个名叫沙湖的地方、在路途中突然遇到大雨时，“雨具先去，同行皆狼狈，余独不觉。已而遂晴，故作此词”。在被贬边城、人生遭遇不幸的时候，苏东坡依然旷达、乐观，不让外界的环境变化来扰乱自己的心境，改变自己向来乐观的人生信念。正如“莫听穿林打叶声，何妨吟啸且徐行”所描写的那样，当乱雨打叶、风波骤起的时候，何不把它当作一个生活中的小风景，在雨中慢慢走，慢慢吟诗，心情自然就不错。当一切风平浪静的时候，再回首看看那样的过程，却带有一点享受般的惬意。对于像苏东坡这样处乱不惊、心如止水，不受外界干扰的人来说，其实人生本来就是“也无风雨也无晴”的。即便时光已逝去千年，我们仿佛还能看到苏东坡在雨中吟啸徐行的样子，看到一个天真烂漫、充满生命激情的人，在向我们展示着，生命原来可以这样洒脱。

不管是什么样的天气，什么样的境遇，只要心中洒脱，看得开，保持一颗乐观豁达的心，对你来说永远都会是风和日丽、天高云淡的好天气。哲人说，把快乐坚持到底才是人生最大的成功。不轻易让悲伤抬头，不让糟糕的情绪长时间占据我们的心灵，是幸福人生必修的课题。

人活于世，随着对生活认识的加深，社会化程度的加重，难免会有意无意地去在意别人对自己的看法。或许是因为同事开的一个过分的玩笑，或许是早

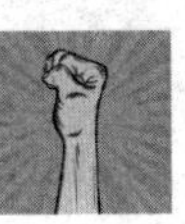

上上班因错过公车而迟到几分钟……不管如何，总之，你今天看上去很不开心，对谁都是爱搭不理，到哪儿都带着一副冷漠的面孔，总觉得天空阴沉沉的，如同自己的心情。

为何要太在意别人给予的评价呢？对这些小事斤斤计较，只会影响自己的心情，其他毫无裨益。常言道：人生在世，不如意之事十之八九。事已如此，生气又有何益？外界已经给自己带来太多不顺，太多的障碍，逃避是不可能的，坦然面对，“不为打翻的牛奶而哭泣”，你才会感受到更多快乐。

大仲马曾经说过：“你要控制自己的情绪，否则你的情绪便控制了你。”人活的就是心情，因为一些小事而斤斤计较，势必会让自己的心丧失快乐和自由。米切尔·霍德斯做了一个极为有趣的实验，他将同一张卡通漫画显示给两组测试者看，其中一组的人员被要求用牙齿咬着一支钢笔，这个姿势就仿佛在微笑一样；另一组人员则必须将笔用嘴唇衔着，显然，这种姿势使他们难以露出笑容。结果，米切尔·霍德斯发现，前一组比后一组被试者认为漫画更可笑。这个实验表明，我们心情的不同往往不是由事物本身引起的，而是取决于我们看待事物的不同方式。情绪的好坏，完全取决于你的心态。我们在生活中，必须维持一份好心情——随时幽默、开怀、乐观的好心情，才不会被外界的消极影响所干扰。命运原本是一个瞎子，横冲直撞地朝你而来，时而给予你欢笑，时而会给你带来悲伤和痛苦。自己的心亮着的人，能够把握命运行走的方向，懂得微笑是自己的权利。也只有如此，他们的人生才显得异常绚烂，且充满欢声笑语。

热爱生活，享受快乐

热情是快乐的秘方，是成功的催化剂。如果你是一潭充满热情的活水，你就拥有了日新月异的动力，你就有了热情四射的活力。

生活需要热情，那种平淡无味、死气沉沉的生活给人一种衰亡的感觉。上班族中很多人都是两点一线，朝九晚五，重复着简单无聊的日子。等到有一天突然回头，你会发现自己已过而立之年，却依旧碌碌无为，只懂得生存，不知道何为快乐。在每一天清晨的霞光下，在一个个忙碌的身影中，有你，有我。一天如此，一年如此，一生都会如此。谁对生活更热情，更懂得品味和享受，无疑，他就很容易寻找到快乐的足迹。

杰克是美国一家麦当劳的员工，每天的工作就是不停地做很多相同的汉堡，没有什么新意，但是他仍然非常快乐，从来都是用满怀善意的微笑热情地迎接他的顾客，几年来一直如此。他的这种真挚的快乐，感染了很多人。有人不禁问他，为什么对这样一种毫无变化的工作感到快乐？究竟是什么让他充满热情？杰克回答，我每做出一个汉堡，就知道一定会有人因为它的美味而感到快乐，那我也就感到我的作品带来的成功，这是多么美好的事情。我每天都会感谢上天给我这么好的一份工作。由于杰克的快乐心情，这家店的生意越来越好，名气也越来越大，最后终于传到了麦当劳公司总管的耳朵里，于是，杰克得到了总公司的一个重要职位。

与杰克想法相反的是他的表弟奎尔，他是一家汽车修理厂的修理工，从进厂的第一天起，他就开始生气：修理这活儿太脏了，瞧瞧我身上弄的，而且没有高额的薪水。每天他都是在不满的情绪中度过，认为自己在像奴隶一样卖苦力。他每时每刻都窥视着师傅的眼神与行动，稍有空隙，他便伺机偷懒，应付

手中的工作，并且总是期待下班的时间。

转眼几年过去了，一同进厂的几个工友，各自凭借精湛的手艺，或另谋高就，或被公司送进大学进修，唯有他，仍旧做着讨厌的修理工作，仍旧沉浸在无法升迁的痛苦之中，碌碌无为地应付每一天。原来，缺乏热情、失去快乐的最大受害者，就是自己。

对于一个普通人来说，即便你坚信自己才华横溢，但如果你缺乏热情，你也只能停留在表面功夫的作业上，做一天和尚撞一天钟，既享受不到工作所带来的乐趣，又不会有任何升迁的机会光顾你。

生活中需要热情，快乐更是由热情点燃的。当你对生活全身心投入的时候，那份专注的热情会持久地温暖你的心，使你拥有燃烧着的快乐和付出后的满足。

在很多人的眼中，石头就是石头：它不说话、不唱歌、不生气、不兴奋、不做梦、不旅行、不期待未来、不挂念往事、不恋爱。它什么事也不做，只固执地想当个真正的石头。最后的结论是：石头真无聊。

但在台湾著名艺人杨林的眼里，石头却是这样的：石头说自己的话，唱自己的歌；它生气时只有自己知道，兴奋时非常低调，做梦时不让你知道。正是这种对待生活的热情态度，造就了一个不同于传统观念的艺人。杨林宣布挥别演艺转行画画的时候，曾引起了一阵哗然，很多人都对她的“挥别”与“转行”感到不可思议。不过，杨林却平静地向大家说道：“我只是选择一个让自己灵魂快乐起来、简单自在的工作罢了。”她坚信，对生活、对画画保有热情，所得到的快乐远比名誉和金钱要多得多。

但她的经纪人不死心，多次上门来说服她：“你看啊，随便拍个广告，15分钟就可以赚 10 万元，你干吗不拍啊？”杨林总是坚决地一口回绝，依旧执着地以画画为生，她曾以“撒旦”来形容这种赚钱的快乐与奇妙。在某次画展结束的时候，杨林微笑着对人说道：一张画，少则要画一个月，多则要画两三个月，最后顶多也就卖几万元，相比起拍广告挣的是有些少；可是呢，如果接拍广告的话，不但要很早从床上爬起来梳头、化妆，打扮漂亮，还要一个劲儿地对着大家露出牙齿来强装着微笑，虽然转眼就有 10 万元，可以肆无忌惮地去买名牌、吃美食，然后骗自己说这样活着其实还不错……但实际上，精神上的空虚，又有谁能够看得到呢？后来，杨林把自己的轿车卖掉了，而且还表示，如果未来求学的经费不够了，就连房子也会卖掉的。她说：“我很快乐，快乐就是做自己想做的事情。”

只有金钱才能缔造快乐，这在很多人的观念里已经根深蒂固。对于那些重视物欲享受的人来说，杨林是个不折不扣的傻子，然而这却是一个真真正正会享受快乐的“傻子”，是一个让自己的精神归属快乐的人。她深深地懂得：在短若朝露的人生岁月里，只有把真实的自我释放出来，才不会白白地辜负自己。热情是快乐的秘方，是成功的催化剂。黑格尔有句名言：“我们可以肯定地说，世界上的伟大事物都是靠热情来成就的。”一个精神萎靡不振的人绝对不会成为成功的人，一个怨天尤人的人也绝对不会获得快乐的体验。“问渠那得清如许？为有源头活水来。”如果你是一潭死水，就只能等着变臭、腐烂、干涸；如果你是一潭充满热情的活水，你就拥有了日新月异的动力，你就有了热情四射的活力，那时，你对快乐的理解和体验将获得前所未有的升华。

凡事看开一点，幸福就多一点

快乐和幸福与否，真的只在自己。把自己幸福和快乐的底线定得低一些，你所感受到的快乐就会多很多。

我们总以为对人生的慨叹，是老年人居多，他们在行将日暮之际，回味自己的人生，恐怕会有万般感言。而在现实中，我们却发现很多年轻人对生活、对人生的抱怨和感慨要比老年人多得多。年轻人有更多的追求，遭遇更多的坎坷，在接近而立之年时，才会逐渐懂得人生不可能只有甜美，肯定会有辛酸苦辣。只有凡事看开点，人生才会更美好！否则，自己将在怨气中度过一生。

有人曾问过一位活到 120 岁的老人，为何会这样长寿，他说："没有什么，只是要凡事看开点。"

两个水手因为船只失事而流落到一个荒岛。甲水手一上岸就愁眉苦脸，担心荒岛上没有充饥之物，没有落脚之处。乙水手却一上岸就为自己将要开始一段新的生活而欢呼。两个人在荒岛上找到一个洞口，乙水手为今晚可以睡一个好觉而庆幸，甲水手却担心洞里面有怪兽。乙水手安然入睡，甲水手辗转难眠，不知道明天怎么度过。上帝可怜两个水手，竟然让他们在荒岛上意外地发现一袋粮食。乙水手高兴得手舞足蹈，而甲水手担心怎么把生米煮成熟饭，煮出来的饭是否咽得下。

岛上没有淡水喝，他们不得不喝海水。乙说："喝淡水喝惯了，喝海水换换口味。"而甲水手极不情愿地把海水咽下。每吃完一顿饭，乙水手总是很满足地说："又过了一天。"而甲水手总是叹气："唉，假如粮食吃完了该怎么办呢？"粮食一天天减少，终于被他们吃完了。荒岛上还有些野果，他们把它采摘回来。乙水手说："运气真好，竟然还有水果吃。"甲水手却哭丧着脸说："从来没有这么倒霉过。上帝不要我活了，竟然要吃这样的野果。"终于野果也吃完了，他们再也找不到其他可以吃的东西了，只好挨饿。为了保持力气，他们只好躺在洞里休息。乙水手说："想不到我竟然什么也不用做还可以睡觉。"甲水手却绝望地说："死亡离我们越来越近了。"最后一刻，他们都坚持不住了。乙水手说："终于可以抛开一切烦恼，投奔天国了。"甲水手说："我还不想下地狱。”乙水手死了，脸上挂着微笑。甲水手死了，脸上充满悲伤。

死亡是每个人最终的结局，但路上的风景，却因选择的不同而差异万千。故事中乙水手不是不尊重生命，他充分享受到了人生最后过程的乐趣，虽然结果仍免不了死亡，但一切对他来说不是那么重要了，他死的时候都是快乐的，他没有留下什么遗憾。而甲水手与乙水手截然相反，明知道不可能的事情还是处处在乎，明知道得不到的东西仍然想得到，自己为难自己，自己勉强自己，时时刻刻处于忧虑、惶恐之中，最终仍不能摆脱死亡。但他最后的人生历程与乙比起来要差远了，没有得到任何的快乐，死的时候也无法瞑目。生活中，面临如此绝境的人实在不多，但获得快乐的体悟、处理事情的方法是一样的。凡事都看开一点，这是一种感受快乐的哲学。既然已经发生了，我们就坦然地接受。俗话说，是福不是祸，是祸躲不过。当不可预料的打击降临的时候，当我们无法改变悲剧的时候，那么，我们就好好地欣赏悲剧吧。我们无法改变世界，但至少可以改变自己，把握自己。人活于世，即使你再渴望平平安安、一帆风顺、事事称心，最终都无可避免地会遭遇种种意外。以至于我们有时会郁郁寡欢，有时会手舞足蹈，有时会暴跳如雷，有时会欢声笑语。人生的路坎坎坷坷，伴随我们的心情也是千变万化的。

但不管怎样，一切都会过去的！相对好事来讲，一切都会过去的，好事是暂时的，不要沉迷于好事带来的喜悦中。它告诫人们不要陶醉于成功的欢乐海洋里，它劝诫人生不能骄傲自满，它带给人们的是再接再厉的精神鼓舞。相对坏事来讲，一切都会过去。不要停留在往事的阴影中，相信总会有海阔天空、风平浪静的一天，它告诉我们痛苦是一时的，不必总是郁郁寡欢。

著名作家史铁生曾经这样写道：“生病的经验是一步步懂得满足。发烧了，才知道不发烧的日子多么清爽。咳嗽了，才知道不咳嗽的嗓子多么安详。刚坐上轮椅时我常想，不能直立行走岂不是把人的特点搞丢了？便觉天昏地暗。”“等

又生出褥疮，一连几天只能歪七扭八地躺着，才看见端坐的日子其实多么晴朗。后来又患尿毒症，昏昏然不能思想，就更加怀恋起往日时光。终于醒悟：其实，每时每刻我们都是幸运的，任何灾难前，都可能再加上一个‘更'字。”……吃尽了“疾病”的苦头，才感悟到健康就是最简单的快乐，正因如此，他才把自己幸福的底线定得如此之低。现实生活中，很多人依旧是我行我素地过活，等到某一天终于开始意识到什么是真正的幸福和快乐的时候，这才发现生命留给自己享受幸福的时间已经是少得不能再少了。

“熙熙攘攘为名利。”许多人一生都在茫茫的红尘中不停地奔走，结果深深地陷在名与利的泥潭里而不能自拔；“蓦然回首，那人却在灯火阑珊处。”等到悟出真正的幸福其实就在当初的出发原点的时候，却已为时很晚了。

钱钟书在《围城》里也有一段妙解：天下有两种人。譬如一串葡萄到手，一种人挑最好的吃，另一种人把最好的留在最后吃。前一种人永远快乐，他吃的总是剩下的葡萄中最好的；后一种人永远悲哀，他吃的总是剩下的葡萄中最坏的。快乐和幸福与否，真的只在自己。把自己幸福和快乐的底线定得低一些，你所感受到的快乐就会多很多。“不以物喜，不以己悲”，能够看开生活中的悲伤、苦楚，甚至是不幸，快乐的感觉才会常伴身边。

参考文献

[1] 卢思浩 . 你要去相信，没有到不了的明天 [M]. 长沙：湖南文艺出版社，2013.

[2] 汤木 . 你受的苦，总有一天会照亮你未来的路 [M]. 天津：天津人民出版社，2015.

[3] 木子玲 . 我从来不信，这世间会无路可走 [M]. 苏州：古吴轩出版社，2015.

[4] 萧萧 . 你若不勇敢，谁替你坚强 [M]. 北京：北京时代华文书局有限公司，2013.

[5] 马光荣，宿春君 . 感恩挫折 学会坚强 . 北京：石油工业出版社，2009.